Python
趣味创意编程

童晶 著

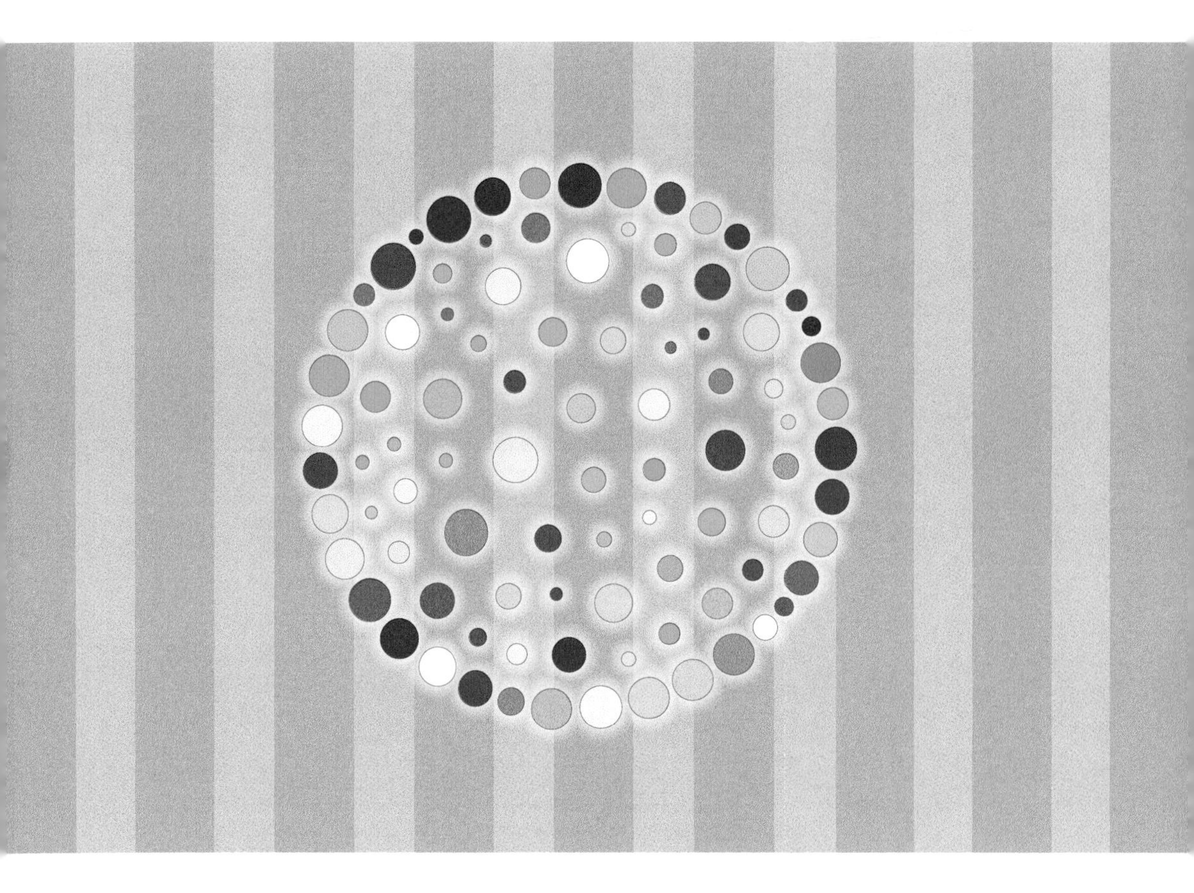

人 民 邮 电 出 版 社
北 京

图书在版编目（CIP）数据

Python趣味创意编程 / 童晶著. -- 北京 : 人民邮电出版社, 2021.1（2022.8重印）
ISBN 978-7-115-55175-7

Ⅰ. ①P… Ⅱ. ①童… Ⅲ. ①软件工具－程序设计 Ⅳ. ①TP311.561

中国版本图书馆CIP数据核字(2020)第210555号

内 容 提 要

本书基于 Python 编程，实现了 15 个有趣的互动场景，循序渐进地向读者展示了这些场景的实现过程，帮助读者学习和掌握 Python 编程。全书共 16 章，讲解了 Python 基本语句、算术运算符、字符串、循环、全局变量、选择判断、随机函数、列表、函数、复合运算符、递归、面向对象编程等入门知识，同时涉及 Processing 软件的配置、绘制、帧率、鼠标键盘互动、字符串处理、文字处理、音视频处理等使用方法。此外还简要介绍了 RGB 颜色模型、HSB 颜色模型、图像、人脸检测的基本概念，方便读者利用自己的创意来进行进一步的发挥和创造。附录 A 给出了书中练习题的参考答案，附录 B 给出了书中基本概念的索引。

本书适合对 Python 编程、互动艺术、创意编程、Processing 开发感兴趣的读者阅读，也可以作为中学生、大学生互动艺术课程的教材和程序设计课程的参考教材。

◆ 著　　　童　晶
责任编辑　陈冀康
责任印制　王　郁　焦志炜

◆ 人民邮电出版社出版发行　　北京市丰台区成寿寺路 11 号
邮编　100164　　电子邮件　315@ptpress.com.cn
网址　https://www.ptpress.com.cn
北京九州迅驰传媒文化有限公司印刷

◆ 开本：720×960　1/16
印张：15.25　　　　2021 年 1 月第 1 版
字数：253 千字　　　　2022 年 8 月北京第 5 次印刷

定价：79.00 元

读者服务热线：(010)81055410　印装质量热线：(010)81055316
反盗版热线：(010)81055315
广告经营许可证：京东市监广登字 20170147 号

前 言

写作目的和背景

随着人工智能时代的来临，计算机软件在日常生活中起到越来越重要的作用，编写计算机程序极有可能成为未来社会的一项重要生存技能。在众多的文本式编程语言中，Python语法简单、上手容易、功能强大、应用广泛，越来越得到初学者的青睐。

然而，目前大部分Python图书都会先系统讲解语法知识，知识量大，读者学习困难；所举实例一般偏数学算法，过于抽象，趣味性不强，读者不愿写程序，进而觉得入门困难。也有部分图书基于海龟绘图，利用代码绘制几何图形吸引读者兴趣；然而海龟绘图功能简单、不支持互动、趣味性一般。

针对以上问题，本书把互动艺术、创意编程应用于Python教学，通过15个由易到难的有趣案例，带领读者从零基础开始学习。书中不安排专门章节讲解语法知识，而是穿插在互动创意程序开发的过程中，通过具体案例逐步学习新的语法知识，便于读者理解，并在实际应用中体会。书中案例经过精心的设计，所有代码均不超过100行，适合上手。学习编程时，读者看到用Python可以编出好看、好玩的程序，感到有趣、有成就感，就会自己钻研，与他人积极互动，学习效果也会得到显著提升。

本书内容结构

本书通过创意编程案例逐步引入语法知识，用Python从无到有地开发，提升读者对编程的兴趣和能力。全书共16章和两个附录。

第1章介绍了计算机程序和Python编程语言的基本概念，介绍了互动艺术开发工具Processing的下载安装。

第2章介绍了整数、变量、算术运算符等语法知识，实现了一个转动眼珠的圆脸（20行代码）。

第3章介绍了for循环语句、整除、取余等语法知识，实现了催眠的同心圆（12行代码）。

第4章介绍了if选择判断、比较大小运算符、逻辑运算符等语法知识，实现了旋转的圆弧（23行代码）。

第5章介绍了类型转换，实现了鼠标交互的简易毛笔字（52行代码）。

第6章介绍了循环嵌套、中文字符串处理，实现了旋转的方块（19行代码）。

第7章介绍了随机函数、RGB颜色模型，实现了随机扭动的曲线（33行代码）。

第8章介绍了列表，实现了随风飘动的多个粒子（38行代码）。

第9章介绍了无参数函数的定义、复合运算符，实现了互相作用的圆球（52行代码）。

第10章介绍了带参数的函数、HSB颜色模型，实现了随机山水画（52行代码）。

第11章介绍了函数的递归调用、if-elif-else语句，绘制了递归分形树（62行代码）。

第12章介绍了面向对象编程，包括类和对象、成员变量、成员函数、构造函数等语法知识，实现了粒子同心圆（43行代码）。

第13章介绍了while循环语句、图像的基本概念，实现了图像像素采样效果（28行代码）。

第14章介绍了字符串元素的处理，实现了定制字符画的效果（34行代码）。

第15章利用Minim库进行音频信号的处理，实现了一种音乐可视化的效果（60行代码）。

第16章利用Video库进行摄像头视频的获取与处理、OpenCV库进行人脸的实时检测跟踪，实现了坚持一百秒的体感游戏（98行代码）。

附录A给出了书中所有练习题的参考答案。

附录B列出了Python语法知识在书中出现的对应位置。

本书特色

和市面上同类图书相比，本书有以下几个鲜明的特色。

- 为初学者量身打造。一般的Python图书会系统讲解所有的语法知识，初学者记忆负担大、学习难度高；本书先讲解较少的语法知识，然后利用这些语法知识编写互动创意程序，通过案例逐步引入新的语法知识，便于读者学习理解。案例从易到难，所有程序的代码均不超过100行，且提供了实现过程的分步骤代码，适合上手学习。
- 趣味性强。大部分Python图书案例偏抽象、枯燥乏味，读者不感兴趣；本书精选了15个案例，涵盖了多种互动艺术、创意编程的类型，读者在做出这些趣味程序的过程中，会有很强的成就感。分解了案例的实现过程，每个步骤的学习成本较低，读者很容易就能体验到编程的乐趣，即时反馈提升学习兴趣。
- 提升可拓展性强。本书所有章节均提供了练习题，加深读者对Python语法知识、开发方法的理解，锻炼逻辑思维，提升认识问题、解决问题的能力。附录中提供了所有练习题的参考答案，每章小结列出了进一步实践的方向。

本书的读者对象

本书适合任何对计算机编程感兴趣的人，不论是孩子还是家长、学生还是职场人士。

本书适合学习过其他编程语言，想快速学习Python的人。

本书可以作为中学生和大学生学习程序设计的教材、培训机构的参考教材，也可以作为编程爱好者的自学用书。

本书适合对互动艺术、创意编程、Processing开发感兴趣的人，也可以作为中学生、大学生互动艺术课程的学习教材。

本书的使用方法

每章的开头会介绍该章案例效果、实现的主要思路。读者可以先观看对应的效果视频、运行最终版本的代码，对本章的学习目标有个直观的了解。

创意编程案例会分成多个步骤，从零开始一步一步实现，书中列出了每个步骤的实现目标、实现思路、相应的参考代码。读者可以先在前一个步骤代码的基础上，尝试写出下一个步骤的代码，碰到困难可以参考电子资源中的示例代码、讲解视频。

在语法知识、案例的讲解后会列出一些练习题，读者也可以先自己实践，再参考附录A中给出的答案。每章小结给出的进一步实践方向，读者也可以根据自己的兴趣尝试。

读者可以利用附录B查阅相应的Python语法知识，对于本书没有涉及的内容，读者也可以在线搜索，或者咨询周围的老师、同学。

本书提供了所有案例的分步骤代码、练习题参考答案、图片音效素材、演示视频，读者可以从异步社区下载。

作者简介

童晶，浙江大学计算机专业博士，河海大学计算机系副教授、硕士生导师，中科院兼职副研究员。主要从事计算机图形学、数字化艺术、虚拟现实、三维打印等方向的研究，发表学术论文30余篇，曾获中国发明创业成果奖一等奖、浙江省自然科学奖二等奖、常州市自然科学优秀科技论文一等奖。

具有15年的一线编程教学经验，被评为河海大学优秀主讲教师。开设课程在校内广受好评，在知乎、网易云课堂、中国大学MOOC等线上平台已有上百万次的阅读量与学习量。

积极投身教学与学生创新，指导学生获得英特尔嵌入式比赛全国一等奖、“挑战杯”全国三等奖、“中国软件杯”全国一等奖、中国大学生服务外包大赛全国一等奖等众多奖项。

致谢

首先感谢我的学生们，当老师最有成就感的就是看到学生成长并得到学生的认可。也是你们的支持和鼓励，让我在漫长的写作过程中坚持下来。

感谢人民邮电出版社的陈冀康编辑，本书是在他的一再推动下完成的。

最后感谢我的家人，在这个不平凡的夏天支持我埋头写作。

作者

2020年6月

资源与支持

本书由异步社区出品，社区（https://www.epubit.com/）为您提供相关资源和后续服务。

配套资源

本书提供以下资源：

- 配套资源代码和素材；
- 书中程序演示视频；
- 书中习题答案。

要获得以上配套资源，请在异步社区本书页面中点击 配套资源 ，跳转到下载界面，按提示进行操作即可。注意：为保证购书读者的权益，该操作会给出相关提示，要求输入提取码进行验证。

如果您是教师，希望获得教学配套资源，请在社区本书页面中直接联系本书的责任编辑。

提交错误信息

作者和编辑尽最大努力来确保书中内容的准确性，但难免会存在疏漏。欢迎您将发现的问题反馈给我们，帮助我们提升图书的质量。

当您发现错误时，请登录异步社区，按书名搜索，进入本书页面，点击“提交勘误”，输入错误信息，点击“提交”按钮即可。本书的作者和编辑会对您提交的错误信息进行审核，确认并接受后，您将获赠异步社区的100积分。积分可用于在异步社区兑换优惠券、样书或奖品。

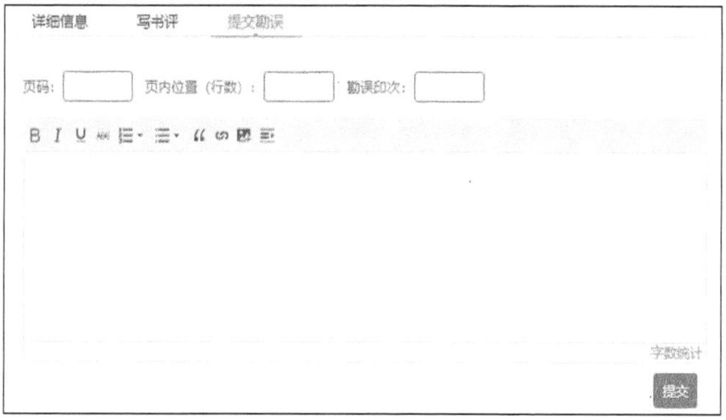

扫码关注本书

扫描下方二维码，您将会在异步社区微信服务号中看到本书信息及相关的服务提示。

与我们联系

我们的联系邮箱是contact@epubit.com.cn。

如果您对本书有任何疑问或建议，请您发邮件给我们，并请在邮件标题中注明本书书名，以便我们更高效地做出反馈。

如果您有兴趣出版图书、录制教学视频，或者参与图书翻译、技术审校等工作，可以发邮件给我们；有意出版图书的作者也可以到异步社区在线提交投稿（直接访问www.epubit.com/selfpublish/submission即可）。

如果您所在的学校、培训机构或企业，想批量购买本书或异步社区出版的其他图书，也可以发邮件给我们。

如果您在网上发现有针对异步社区出品图书的各种形式的盗版行为，包括对图书全部或部分内容的非授权传播，请您将怀疑有侵权行为的链接发邮件给我们。您的这一举动是对作者权益的保护，也是我们持续为您提供有价值的内容的动力之源。

关于异步社区和异步图书

“异步社区”是人民邮电出版社旗下IT专业图书社区，致力于出版精品IT技术图书和相关学习产品，为作译者提供优质出版服务。异步社区创办于2015年8月，提供大量精品IT技术图书和电子书，以及高品质技术文章和视频课程。更多详情请访问异步社区官网https://www.epubit.com。

“异步图书”是由异步社区编辑团队策划出版的精品IT专业图书的品牌，依托于人民邮电出版社近30年的计算机图书出版积累和专业编辑团队，相关图书在封面上印有异步图书的LOGO。异步图书的出版领域包括软件开发、大数据、AI、测试、前端、网络技术等。

异步社区

微信服务号

目 录

第1章 Python与Processing介绍

1.1 什么是Python

如今，我们的生活已经离不开程序，用计算机写文章、做PPT、看新闻、用手机聊天、听音乐、玩游戏，甚至电冰箱、空调、汽车、飞机上，都运行着各种各样的程序。

所谓计算机程序，就是指让计算机可以执行的指令。我们和外国人交流，可能会需要使用外语；而要让计算机执行相应的任务，则必须用计算机能够理解的语言。

和人类的语言一样，计算机能懂的语言（也称为编程语言）有很多种。在众多编程语言中，Python语法简单、上手容易。图1-1为用C、Python两种编程语言让计算机输出“你好”的代码，可以看出Python的实现要简单很多。

另外，Python的功能强大，且被广泛应用于人工智能、网络爬虫、数据分析、网站开发、系统运维、游戏开发、互动艺术等多个领域，成为近年来最为热门的编程语言之一。

C

```c
#include <stdio.h>
int main()
{
    printf("你好");
    return 0;
}
```

Python

```python
print("你好")
```

图 1-1

1.2 Processing 下载与配置

要编写Python代码，让计算机读懂Python程序，我们还需要安装Python开发环境，本书利用Processing进行Python的编程学习。

Processing诞生于美国麻省理工学院媒体实验室，其以数字化艺术为背景，可以利用编程实现多种形式的互动艺术。读者可以打开Processing官方网站，找到合适的版本下载，如图 1-2 所示。

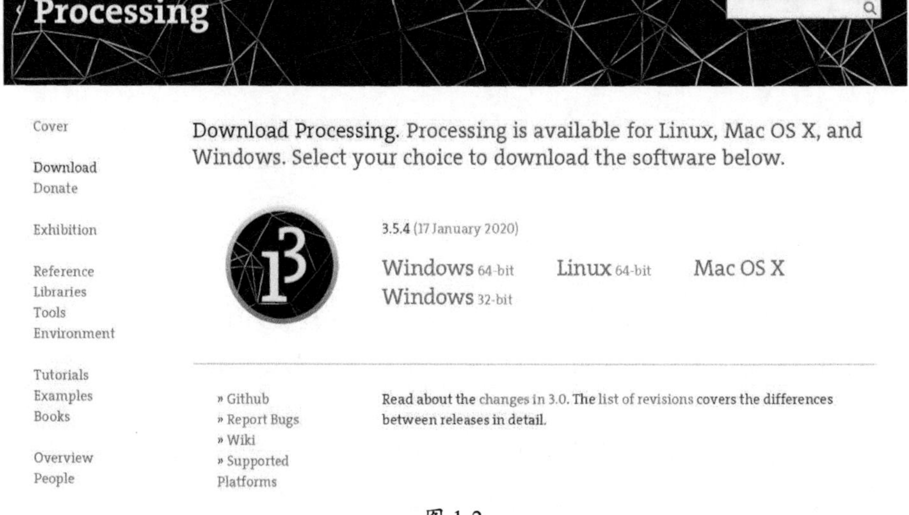

图 1-2

如果读者电脑为Windows 64位版本，则可以点击下载对应的processing-3.5.4-windows64.zip文件。解压后，双击processing.exe打开Processing程序，界面如图 1-3 所示。

Processing默认编程语言为Java，为了能用Python语言进行编程，点击右上角的Java，在弹出菜单中选择“添加模式”，如图 1-4 所示。

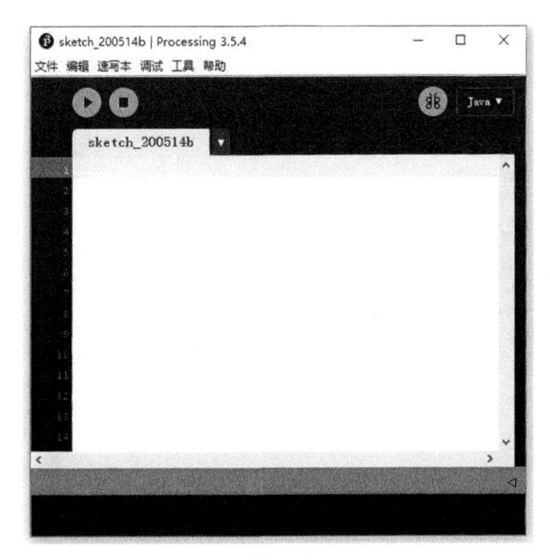

图 1-3

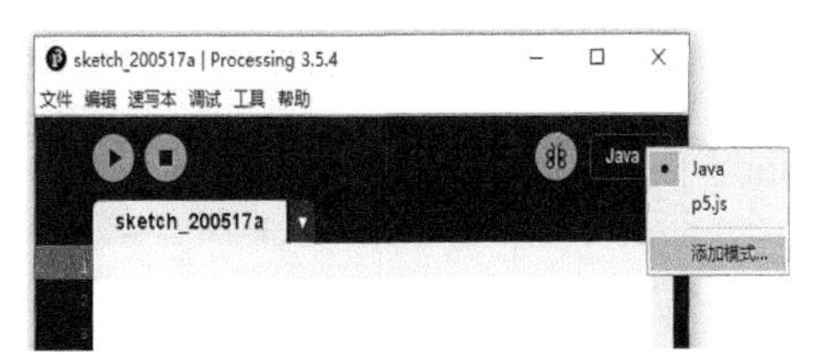

图 1-4

在弹出的窗口中，选择“Python Mode for Processing 3”，点击“Install”，Processing会自动下载配置，直到安装成功，如图1-5所示。

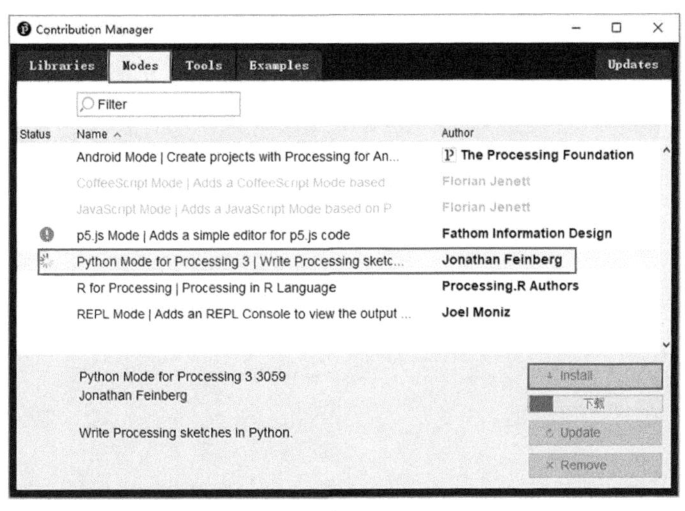

图 1-5

点击右上角选择“Python”模式，然后点击左上角运行按钮，Processing会弹出一个小窗口，说明配置成功，如图1-6所示。

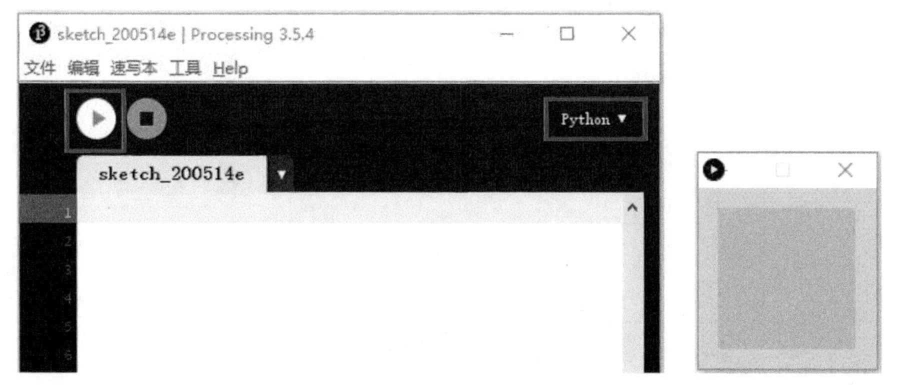

图 1-6

点击运行按钮右侧的停止按钮，小窗口自动关闭。

提示　如果Python Mode下载速度过慢，读者也可以在GitHub搜索“processing.py”并直接下载文件，将其复制到“文件”—“偏好设定”—“速写本位置”的对应目录下，重启Processing，即可以直接使用Python编程模式。

1.3　小结

这一章主要阐明了计算机程序和Python编程语言的基本概念，介绍了Processing的下载、配置方法，第2章起我们将开始趣味创意编程的学习开发。

第 2 章 转动眼珠的圆脸

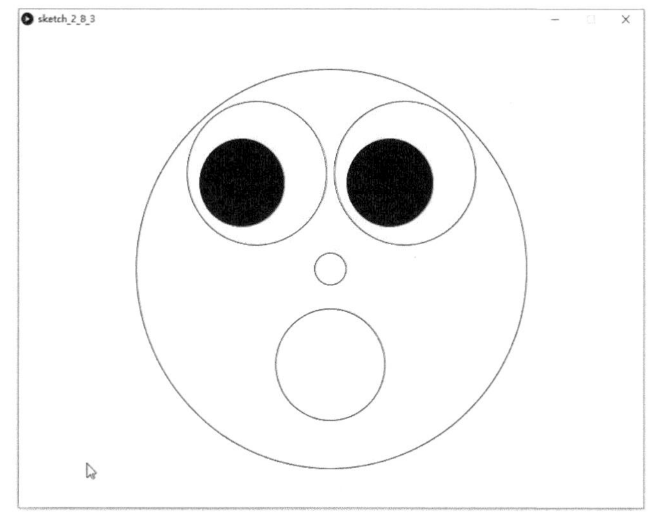

图 2-1

本章我们将实现一个转动眼珠的圆脸，利用圆圈绘制一个圆脸，眼珠随着鼠标移动而转动，效果如图 2-1 所示。

我们首先实现圆的绘制，同时学习整数和算术运算符；然后学习变量的定义和使用，并设定背景和圆的亮度；接着实现跟随鼠标移动的圆圈，从而实现转动的眼珠；最后综合利用所学知识，实现转动眼珠的圆脸。

本章案例最终代码一共20行，代码参看“配套资源\第2章\sketch_2_8_3\sketch_2_8_3.pyde”，视频效果参看“配套资源\第2章\转动眼珠的圆脸.mp4”。

2.1　显示一个圆

读者可以在Processing中键入以下代码，并点击运行按钮，如图2-2所示。

sketch_2_1_1.pyde

```
1    circle(50, 50, 80)
```

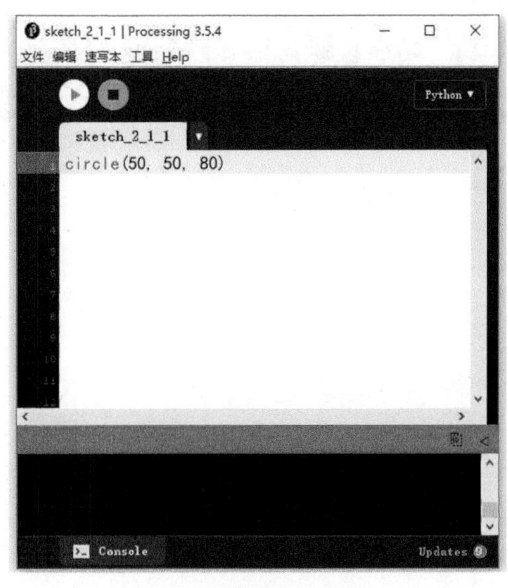

图 2-2

运行效果如图2-3所示，在窗口中画了一个圆。

circle(50, 50, 80)语句绘制了一个圆圈。circle为圆的英文单词，圆括号中的三个参数，(50, 50)表示圆的中心位置坐标，80表示圆的直径[①]。

① 上述数值均以像素（px）为单位，参见第 13 章。——编者注

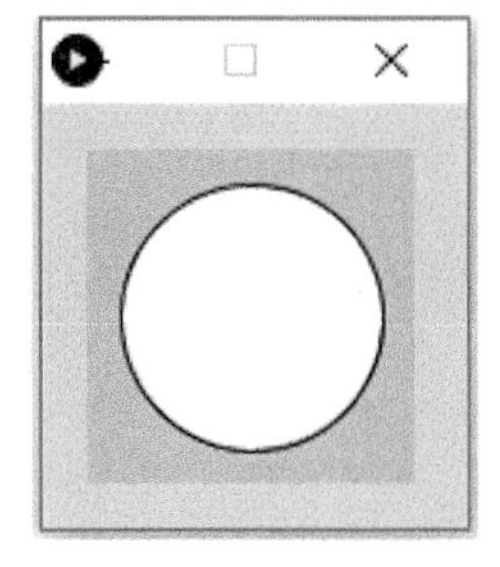

图 2-3

提示 Python语句中的标点符号，比如sketch_2_1_1.pyde中的括号“()”、逗号“,”都是英文标点符号（即半角标点符号），如果输入的是中文标点符号（即全角标点符号），则会提示程序错误。

提示 如果读者编写代码出错，可以参考本书配套电子资源中的代码。注意Processing的代码文件需要保存在其同名的文件夹下，如sketch_2_1_1.pyde保存在“第2章\sketch_2_1_1\”目录下。

图2-3中程序绘制区域的大小默认为宽100px、高100px。键入以下代码，可以设置程序窗口的大小（size）：

sketch_2_1_2.pyde

```
1    size(640,480)
2    circle(50, 50, 80)
```

size(640,480)设定窗口的宽度640px、高度480px，运行效果如图2-4所示。

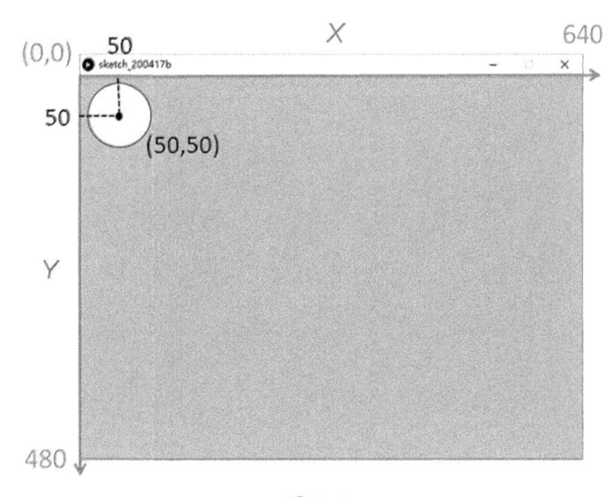

图 2-4

程序窗口的绘制区域采用直角坐标系，左上角的坐标为(0,0)。横轴方向由X坐标表示，取值范围为0 ～ 640；纵轴坐标由Y坐标表示，取值范围为0 ～ 480。窗口中任一点的位置可由其(X,Y)坐标来表示。

修改圆心坐标，我们可以在窗口正中心绘制一个圆（如图2-5所示）：

sketch_2_1_3.pyde

```
1    size(640,480)
2    circle(320, 240, 80)
```

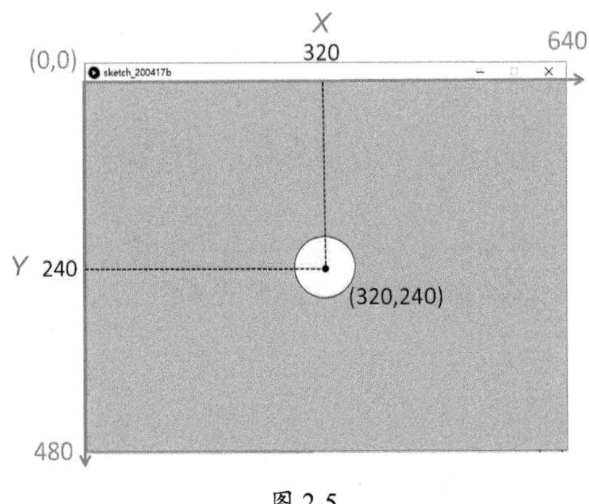

图 2-5

也可以修改圆的直径，绘制更大一些的圆圈（如图2-6所示）：

sketch_2_1_4.pyde

```
1    size(640,480)
2    circle(320, 240, 200)
```

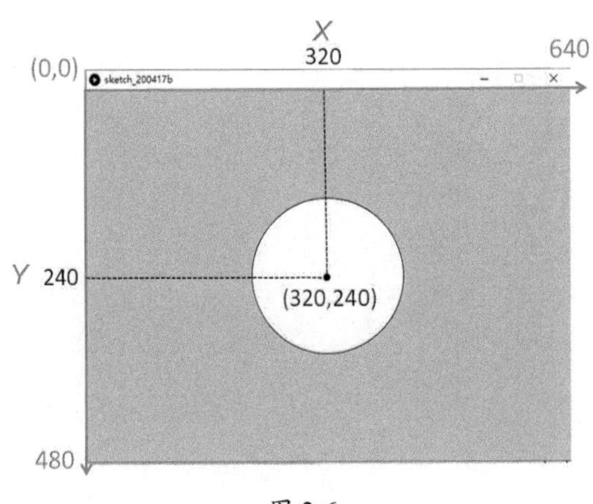

图 2-6

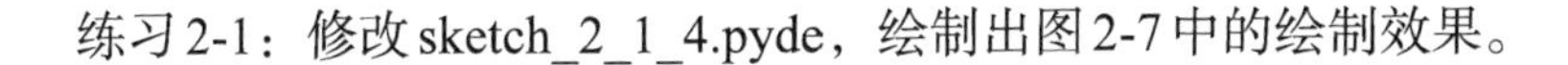

练习2-1：修改sketch_2_1_4.pyde，绘制出图2-7中的绘制效果。

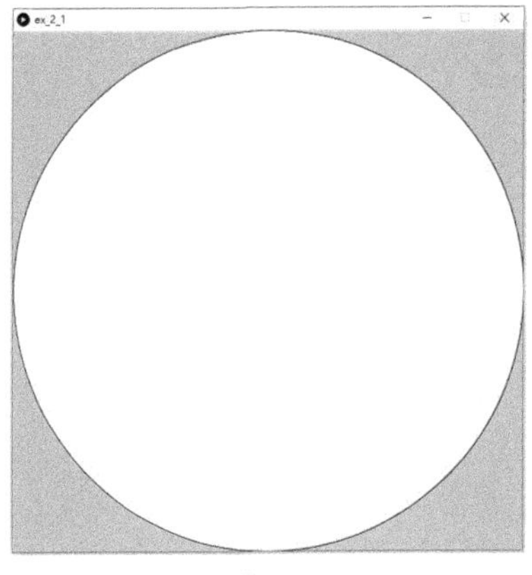

图 2-7

2.2 整数与算术运算符

输入以下代码：

sketch_2_2_1.pyde

```
1    print(100)
```

运行后Processing下方的控制台内输出“100”，如图2-8所示。

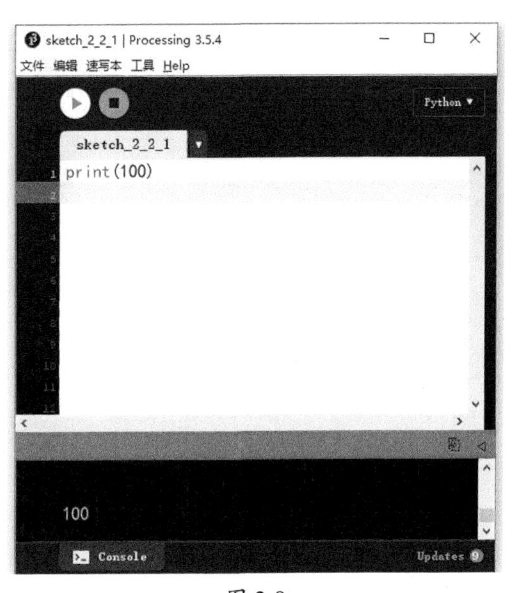

图 2-8

100为整数，print()函数可以将括号内的数值在控制台输出出来。另外，整数之间也可以进行加、减、乘、除四则运算，在Python中分别用+、-、*、/四个符号表示：

sketch_2_2_2.pyde

```
1    print(1+1)
2    print(7-4)
3    print(3*2)
4    print(18/2)
```

运行后输出：

```
2
3
6
9
```

要让圆圈正好在画面中间（如图2-9所示），我们可以利用除法：

sketch_2_2_3.pyde

```
1    size(640,480)
2    circle(640/2, 480/2, 480)
```

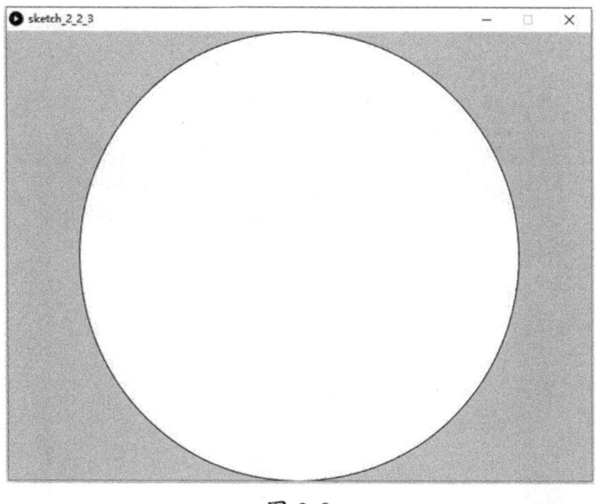

图 2-9

2.3 显示多个圆

利用多个circle()语句，可以绘制多个圆圈。运行以下代码，即可在对应坐标位置绘制出图2-10中所示的三个圆圈。

sketch_2_3_1.pyde

```
1    size(600,400)
2    circle(150, 200, 50)
3    circle(300, 200, 50)
4    circle(450, 200, 50)
```

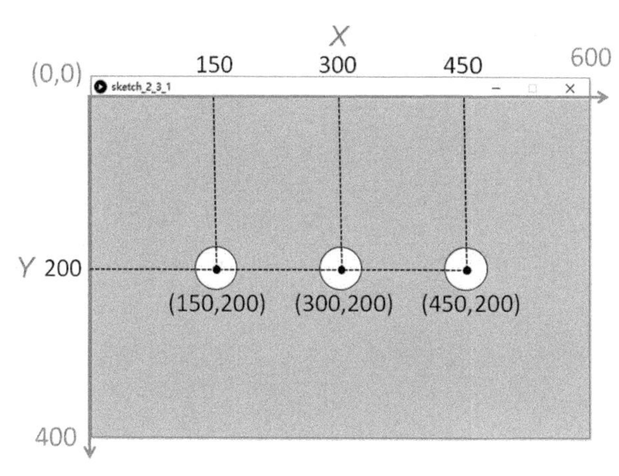

图 2-10

我们可以修改代码，将这三个圆圈变大（如图2-11所示）：

sketch_2_3_2.pyde

```
1    size(600,400)
2    circle(150, 200, 100)
3    circle(300, 200, 100)
4    circle(450, 200, 100)
```

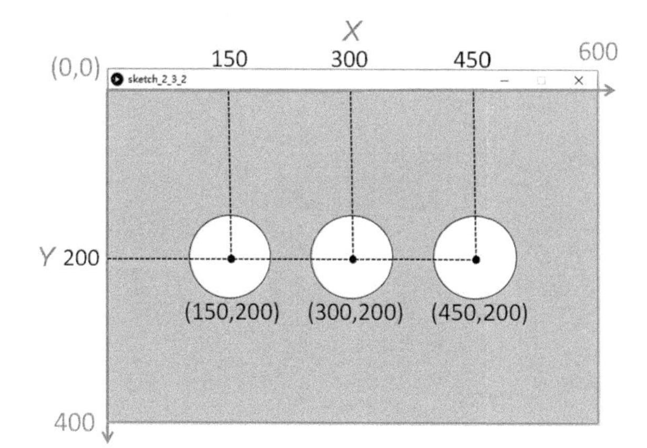

图 2-11

练习2-2：编写代码，绘制出图2-12所示的同心圆。

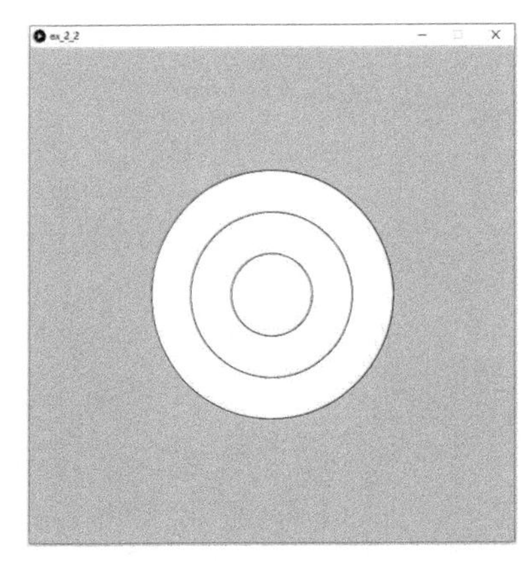

图 2-12

提示 后画的图形会覆盖在先前画的图形上面，所以要先画大圆，再画小圆。

2.4　变量

sketch_2_3_2.pyde中修改三个圆的直径，要修改三个数字，能否有更简单的方法？本节学习变量的概念，利用变量来存储、修改多个圆圈的参数。

变量可以记录程序中的一些内容，比如：

sketch_2_4_1.pyde

```
1    diameter = 100
2    print(diameter)
```

diameter就是一个变量，这里记录了数字100的信息。print(diameter)函数可以输出变量所存储的内容。点击运行，Processing的控制台输出：

```
100
```

变量的值也可以进行修改，不同变量之间也可以相互赋值。

sketch_2_4_2.pyde

```
1    r = 1
2    print(r)
3    r = 2
4    print(r)
5    t = r
```

```
6    print(t)
```

运行后输出：

```
1
2
2
```

其中t = r表示将变量r的值赋给变量t，运行第5行代码后，变量t的值也等于2。

变量和数字之间，也支持加、减、乘、除运算，在Python中分别用+、-、*、/四个符号来表示：

sketch_2_4_3.pyde

```
1    r = 1
2    print(r)
3    r = r+2
4    print(r)
5    t = r-1
6    print(t)
7    t = t*3
8    print(t)
9    s = t/(r-1)
10   print(s)
```

运行后输出：

```
1
3
2
6
3
```

提示 变量的名字可以是字母、下划线、数字组成，开头不能是数字。变量名不能使用Processing及Python中已经使用的关键词，比如circle、size、print。另外，变量中大写字母、小写字母是区分的，不同的大小写表示不同的变量。

应用变量diameter记录圆圈的直径，将sketch_2_3_1.pyde修改为：

sketch_2_4_4.pyde

```
1    size(600,400)
2    diameter = 50
3    circle(150, 200, diameter)
4    circle(300, 200, diameter)
5    circle(450, 200, diameter)
```

运行效果同sketch_2_3_1.pyde一样，如图2-13所示。

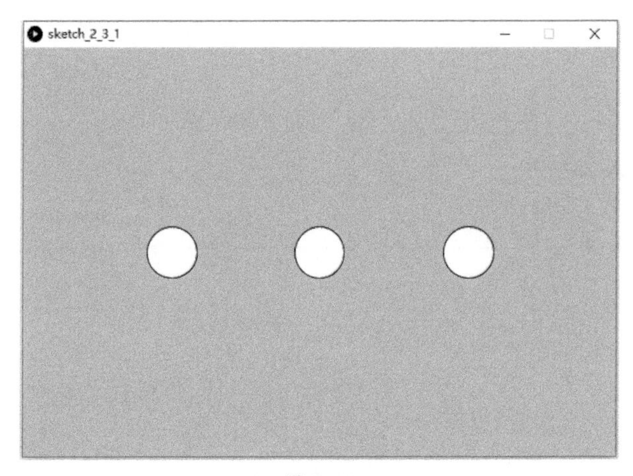

图 2-13

只需将sketch_2_4_4.pyde第2行代码修改为：diameter = 150，即可同时修改三个圆圈的直径大小，如图2-14所示。

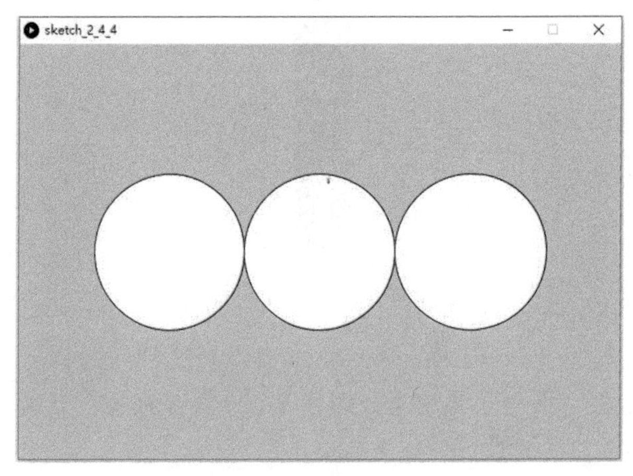

图 2-14

Processing还提供了两个系统变量width、height，表示画面的宽度、高度，读者可以输入并运行以下代码：

sketch_2_4_5.pyde

```
1    size(600,400)
2    print(width)
3    print(height)
```

输出画面的宽度和高度：

利用width、height，可以修改sketch_2_4_4.pyde，让三个小圆圈均匀分布在画面中间：

sketch_2_4_6.pyde

```
1    size(600,400)
2    diameter = 50
3    circle(1*width/4, height/2, diameter)
4    circle(2*width/4, height/2, diameter)
5    circle(3*width/4, height/2, diameter)
```

读者可以设置size()中画面的宽度、高度，修改圆圈直径大小，三个圆圈仍然均匀分布在画面中（如图2-15所示）：

sketch_2_4_7.pyde

```
1    size(800,400)
2    diameter = 150
3    circle(1*width/4, height/2, diameter)
4    circle(2*width/4, height/2, diameter)
5    circle(3*width/4, height/2, diameter)
```

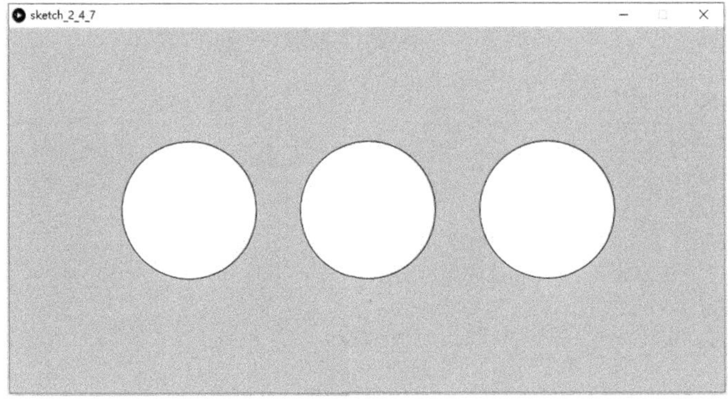

图 2-15

2.5　设置背景和圆的亮度

分别输入并运行以下代码，可以得到图2-16的对应效果：

sketch_2_5_1.pyde

```
1  size(200,200)
2  background(0)
```

sketch_2_5_2.pyde

```
1  size(200,200)
2  background(100)
```

sketch_2_5_3.pyde

```
1  size(200,200)
2  background(255)
```

background(0)

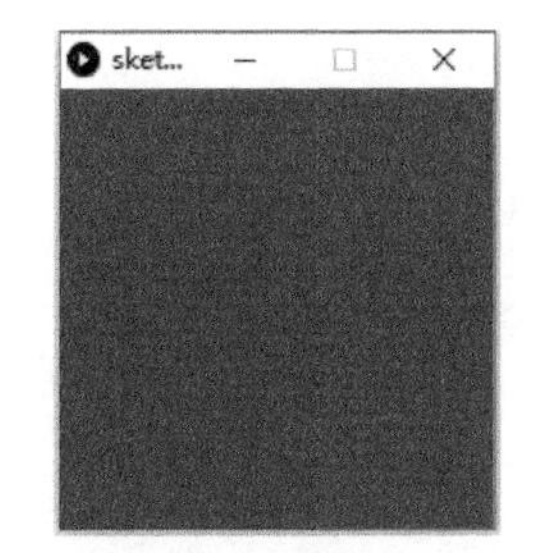

background(100)

background(255)

图 2-16

其中background()函数可以设定背景的亮度：数字0为最暗，显示纯黑色；255为最亮，显示纯白色；(0,255)之间的数字显示灰色，数值越大亮度越高。

另外，也可以利用fill()函数，设置绘制圆圈的颜色：

sketch_2_5_4.pyde

```
1  size(800,400)
2  background(255)
3  diameter = 150
4  fill(200)
5  circle(1*width/4, height/2, diameter)
6  fill(100)
7  circle(2*width/4, height/2, diameter)
8  fill(0)
9  circle(3*width/4, height/2, diameter)
```

运行效果如图2-17所示：

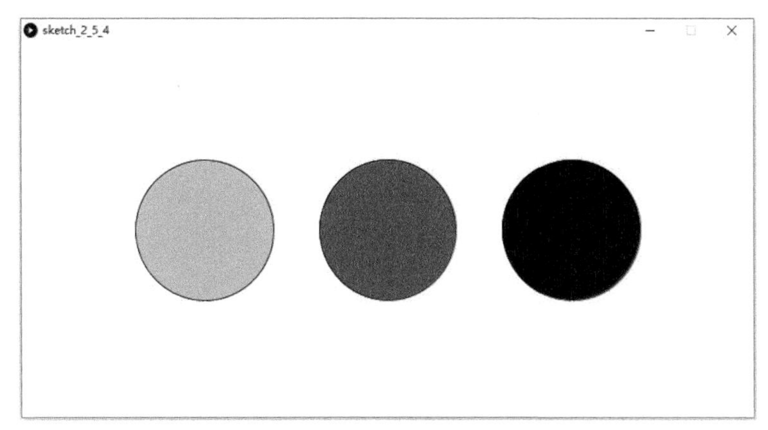

图 2-17

代码第2行background(255)设置背景为白色。

第4行fill(200)设定亮度为200，第5行以此亮度绘制最左边的圆圈。

第6行fill(100)设定亮度为100，第7行以此亮度绘制中间的圆圈。

第8行fill(0)设定亮度为0，第9行以此亮度绘制最右边的圆圈。

提示　不利用background()、fill()函数设置时，Processing默认背景为灰色、圆圈等图形填充为白色。

练习2-3：编写代码，绘制出图2-18所示的同心圆。

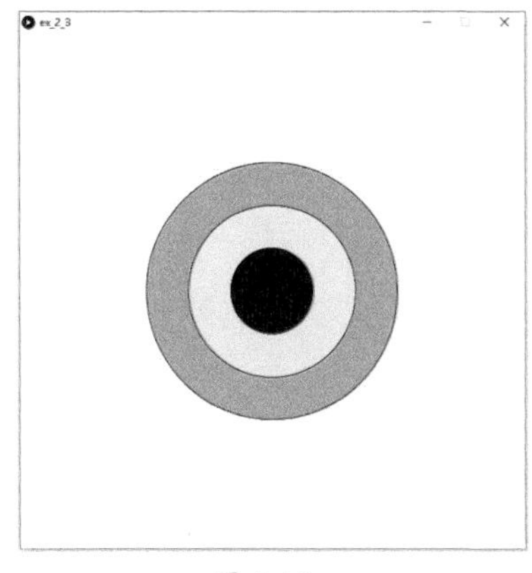

图 2-18

2.6　跟随鼠标移动的圆圈

输入并运行以下代码，运行效果如图2-19所示。

sketch_2_6_1.pyde

```
1  def setup():
2      size(600, 600)
3
4  def draw():
5      circle(300,300,100)
```

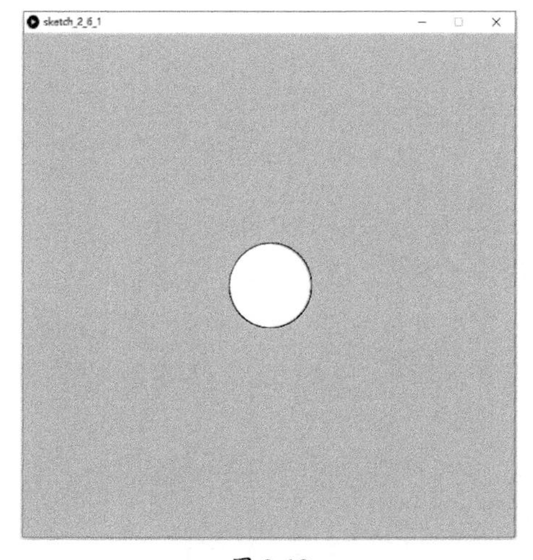

图 2-19

def setup(): 表示定义初始化函数，冒号后面的语句进行具体初始化的工作。size(600, 600)表示设定窗口宽600px、高600px。

def draw(): 表示定义绘制函数，冒号后面的语句进行具体绘制的工作。circle(300,300,100)表示在(300,300)处绘制了一个直径为100的圆圈。

程序运行时仅运行一次setup()函数，进行相关的初始化设定。初始化后每帧重复执行draw()函数，进行相关的绘制工作。

提示　函数内的语句需要缩进，比如setup()函数内的size(600, 600)语句前面要空出一些，draw()函数内的circle(300,300,100)语句前面也要空出一些。Python中可以用空格，或者Tab键来实现代码向右缩进。同一函数内部的多行语句，需要缩进一致，即最左边需要对齐。

Processing还提供了两个系统变量mouseX、mouseY，表示鼠标位置的X、

*Y*坐标。读者可以输入并运行以下代码，需要注意变量名的大小写：

sketch_2_6_2.pyde

```
1  def setup():
2      size(600, 600)
3
4  def draw():
5      circle(mouseX,mouseY,100)
```

circle(mouseX,mouseY,100)在鼠标位置处绘制直径为100的圆。由于draw()函数每帧重复执行，当鼠标在窗口中移动时，会在不同位置绘制相应的圆圈，如图2-20所示。

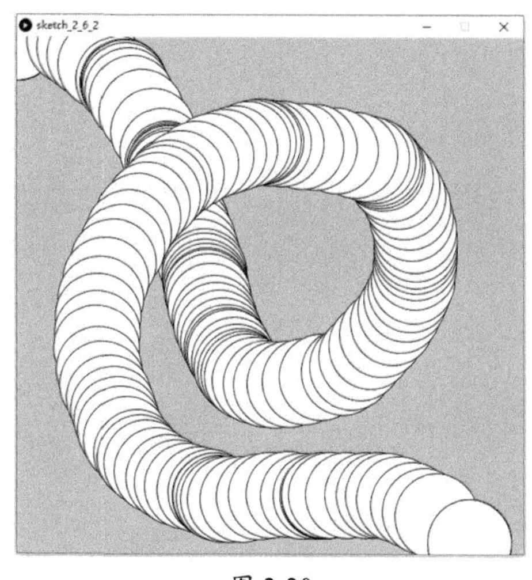

图 2-20

如果想画面中只显示一个圆圈跟随鼠标移动，可以在draw()函数中添加background()函数：

sketch_2_6_3.pyde

```
1  def setup():
2      size(600, 600)
3
4  def draw():
5      background(200)
6      circle(mouseX,mouseY,100)
```

draw()函数每次绘制时，首先用灰色填充整个画面，然后在鼠标位置处绘制一个圆圈，效果如图2-21所示。

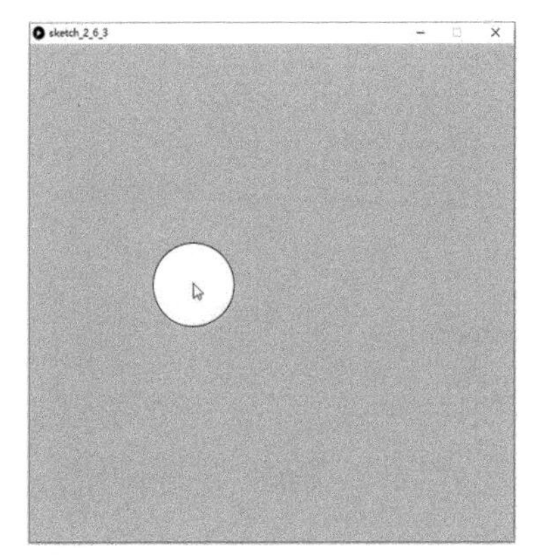

图 2-21

2.7　转动的眼珠

首先绘制如图 2-22 所示的两个圆圈，并让较小的黑色圆圈跟随鼠标位置移动：

sketch_2_7_1.pyde

```
1  def setup():
2      size(600, 600)
3
4  def draw():
5      background(255)
6      fill(235)
7      circle(300,300,200)
8      fill(0)
9      circle(mouseX,mouseY,100)
```

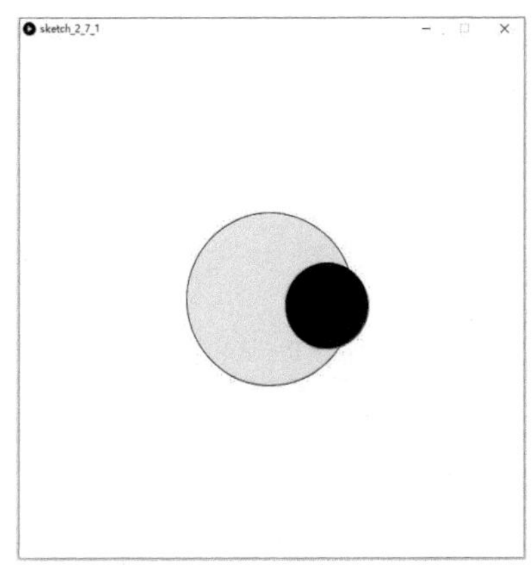

图 2-22

为了让黑色圆圈的移动范围不超出灰色圆圈的范围，可以使用Processing提供的map()函数：

sketch_2_7_2.pyde

```
1   def setup():
2       size(600, 600)
3   
4   def draw():
5       background(255)
6       fill(235)
7       circle(300,300,200)
8       fill(0)
9       x = map(mouseX,0,width,260,340)
10      y = map(mouseY,0,height,260,340)
11      circle(x,y,100)
```

鼠标水平方向坐标mouseX的取值范围为[0,width]；为了防止黑色小圆圈超出范围，设定其圆心的x坐标范围为[260,340]。map(mouseX,0,width,260,340)函数即把范围[0,width]内的mouseX等比例的映射到范围[260,340]内，如图2-23所示。

对于纵坐标，map(mouseY,0,height,260,340)函数即把范围[0,height]内的mouseY等比例的映射到范围[260,340]内。

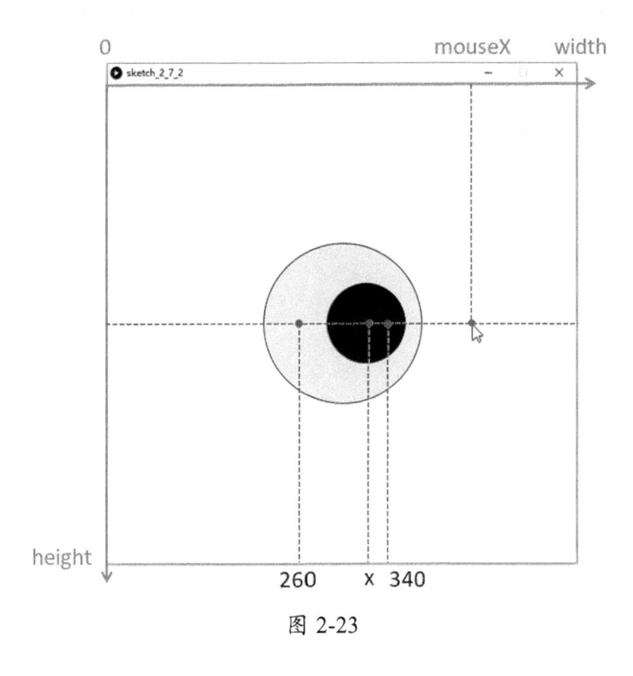

图 2-23

提示 当读者不熟悉Processing的某些函数时，可以点击“Help”—“References”获取帮助，如图2-24所示。

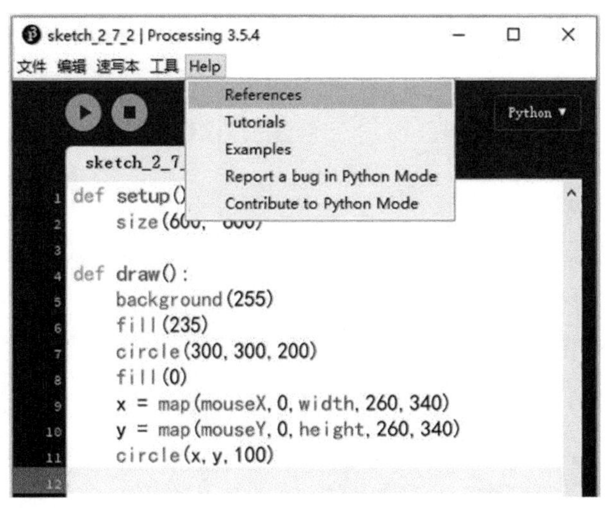

图 2-24

Processing会在浏览器中打开帮助网页，如图2-25所示。

Processing.py

Cover
Reference
Tutorials
Examples
Bugs

Processing.py Reference. Processing is not a single programming language, but an arts-centric system for learning, teaching, and making visual form with code. This Reference documents its Python Mode.

Structure	Shape	Color
# (comment)	createShape()	Setting
""" """ (multiline comment)	2D Primitives	background()
() (parentheses)	arc()	clear()
, (comma)	circle()	colorMode()
. (dot)	ellipse()	fill()
: (Colon)	line()	noFill()
= (assign)	point()	noStroke()
False	quad()	stroke()
Globals	rect()	Creating & Reading
None	square()	alpha()

图 2-25

读者可以找到“map()”，点击查看详细的帮助文档，如图2-26所示。

也可以点击网页左侧的“Tutorials”或“Examples”，查看更多的帮助、示例代码信息。

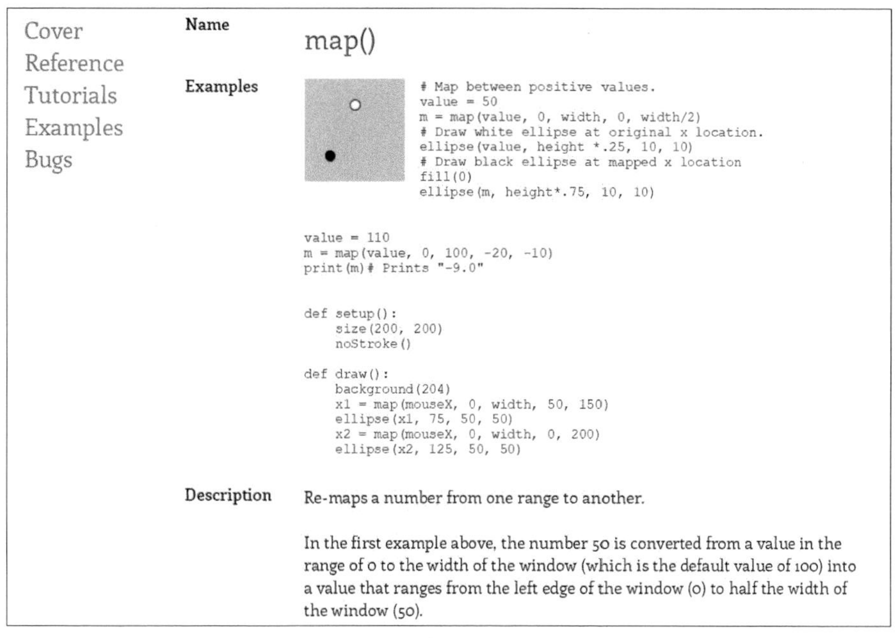

图 2-26

在sketch_2_7_2.pyde基础上添加一个圆圈，可以实现眼珠随鼠标转动的效果（如图2-27所示）：

sketch_2_7_3.pyde

```
1   def setup():
2       size(600, 600)
3
4   def draw():
5       background(255)
6       fill(180)
7       circle(300,300,300)
8       fill(235)
9       x1 = map(mouseX,0,width,260,340)
10      y1 = map(mouseY,0,height,260,340)
11      circle(x1,y1,200)
12      fill(0)
13      x2 = map(mouseX,0,width,220,380)
14      y2 = map(mouseY,0,height,220,380)
15      circle(x2,y2,100)
```

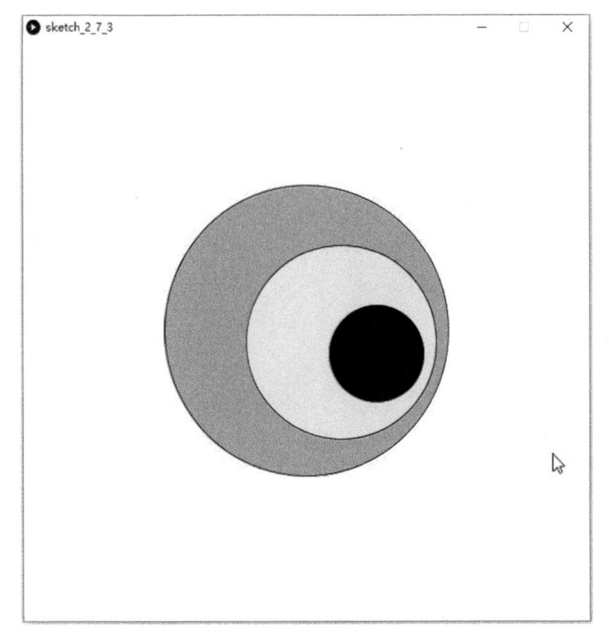

图 2-27

2.8　转动眼珠的圆脸

以下代码用圆圈绘制一个如图2-28所示的圆脸，读者可以尝试理解：

sketch_2_8_1.pyde

```
1   def setup():
2       size(800, 600)
3
4   def draw():
5       background(255)
6       fill(255)
7       circle(400, 300, 500)
8       circle(305, 180, 180)
9       circle(495, 180, 180)
10      circle(400, 300, 40)
11      circle(400, 420, 140)
12      fill(0)
13      circle(275, 180, 110)
14      circle(465, 180, 110)
```

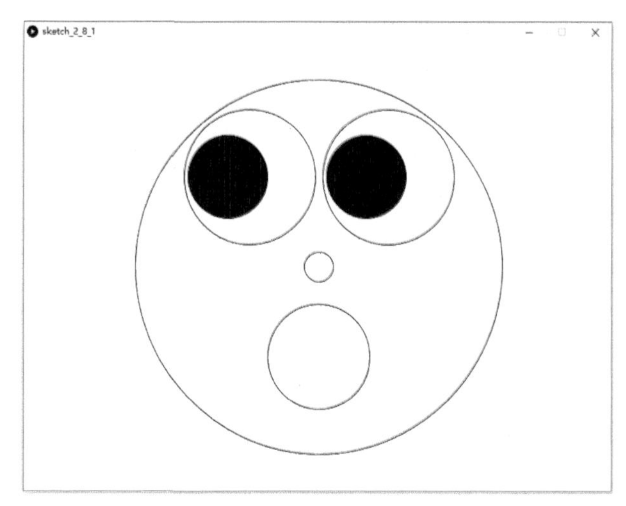

图 2-28

添加代码，让眼珠随着鼠标而转动：

sketch_2_8_2.pyde

```
1   def setup():
2       size(800, 600)
3
4   def draw():
5       background(255)
6       fill(255)
7       circle(400, 300, 500)
8       circle(305, 180, 180)
9       circle(495, 180, 180)
10      circle(400, 300, 40)
11      circle(400, 420, 140)
12      fill(0)
13      x1 = map(mouseX,0,width,280,330)
14      y1 = map(mouseY,0,height,155,195)
15      circle(x1, y1, 110)
16      x2 = map(mouseX,0,width,470,520)
17      y2 = map(mouseY,0,height,155,195)
18      circle(x2, y2, 110)
```

当我们的代码比较多时，可以适当加一些注释。所谓注释，就是一些说明的文字，不参与程序运行。注释的格式是“# 注释内容”。以下为加上注释的完整代码，这样就可以比较清楚地了解各种代码的功能、变量的含义等信息：

sketch_2_8_3.pyde

```
1   def setup():  # 初始化函数，仅运行一次
2       size(800, 600) # 设定画面宽度、高度
3
```

```
4   def draw():   # 绘制函数，每帧重复运行
5       background(255)  # 设置白色背景，并覆盖整个画面
6       fill(255) # 设置填充色为白色（默认黑色线条）
7       circle(400, 300, 500) # 绘制圆脸
8       circle(305, 180, 180) # 绘制左眼边框
9       circle(495, 180, 180) # 绘制右眼边框
10      circle(400, 300, 40)  # 绘制鼻子
11      circle(400, 420, 140) # 绘制嘴巴
12      fill(0) # 设置填充色为黑色（用于绘制眼珠）
13      # 将鼠标位置映射为左眼珠坐标
14      x1 = map(mouseX,0,width,280,330)
15      y1 = map(mouseY,0,height,155,195)
16      circle(x1, y1, 110) # 绘制左眼珠
17      # 将鼠标位置映射为右眼珠坐标
18      x2 = map(mouseX,0,width,470,520)
19      y2 = map(mouseY,0,height,155,195)
20      circle(x2, y2, 110) # 绘制右眼珠
```

2.9　小结

这一章主要讲解了整数、变量、算术运算符等语法知识，介绍了绘制圆圈、设置亮度、鼠标坐标等用法。利用这些知识，实现一个转动眼珠的圆脸。读者也可以尝试利用本章所学知识，尝试用圆圈组合出其他有趣的互动图形。

第 3 章 催眠的同心圆

图 3-1

本章我们将实现催眠的同心圆，如图3-1所示。盯着逐渐变大消失的同心圆中心一段时间，再看其他物体会有收缩变形的错觉。

首先利用帧数实现逐渐变大的圆圈，并利用取余实现圆圈重复变大的效果；接着学习for循环语句，改进同心圆的绘制方法；最后实现同心圆逐渐变大、淡化消失的动画效果。

本章案例最终代码一共12行，代码参看“配套资源\第3章\sketch_3_5_4\sketch_3_5_4.pyde”，视频效果参看“配套资源\第3章\催眠的同心圆.mp4”。

3.1　变大的圆圈

输入并运行以下代码，当鼠标上下移动时，圆圈直径大小如图3-2所示发生变化。

sketch_3_1_1.pyde

```
1   def setup():
2       size(600, 600)
3
4   def draw():
5       background(255)
6       fill(200)
7       diam = map(mouseY,0,height,1,1000)
8       circle(300, 300, diam)
```

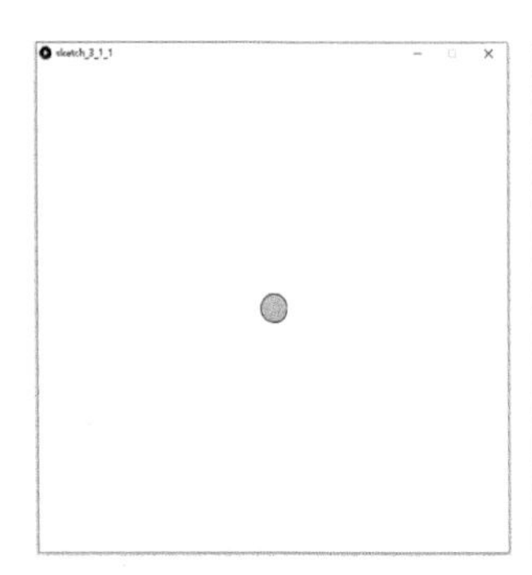

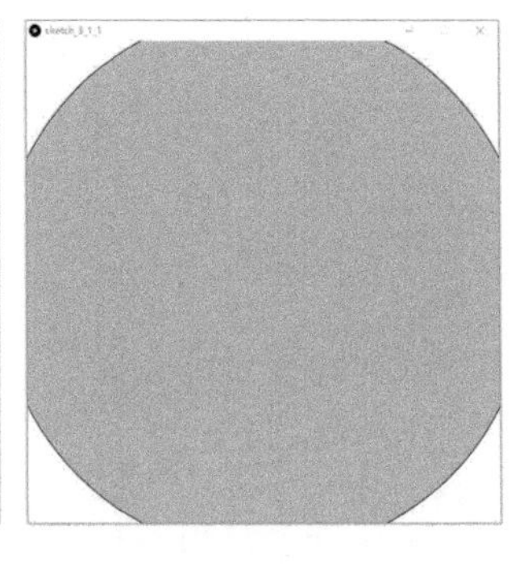

图 3-2

下面我们实现让圆圈自动变大。Processing提供了系统变量frameCount，记录了程序运行了多少帧：

sketch_3_1_2.pyde

```
1   def draw():
2       print(frameCount)
```

运行后程序在控制台持续输出整数：1、2、3、4、5……。将 frameCount 作为圆圈的直径，即可实现圆圈自动变大的效果：

sketch_3_1_3.pyde

```
1  def setup():
2      size(600, 600)
3
4  def draw():
5      background(255)
6      fill(200)
7      circle(300, 300, frameCount)
```

另外，Processing 也提供了系统变量 frameRate 记录帧率，即每秒运行多少次 draw() 函数；也可以通过 frameRate() 函数设定程序的帧率，需要注意变量名、函数名的大小写：

sketch_3_1_4.pyde

```
1  def setup():
2      frameRate(30)
3
4  def draw():
5      print(frameRate)
```

要让圆圈变大的速度更快，只需修改 sketch_3_1_3.pyde 为：

sketch_3_1_5.pyde

```
1  def setup():
2      size(600, 600)
3      frameRate(30)
4
5  def draw():
6      background(255)
7      fill(200)
8      circle(300, 300, frameCount*5)
```

练习 3-1：修改 sketch_3_1_3.pyde，让圆圈的变大的速度变慢。

3.2 圆圈重复变大

代码 sketch_3_1_5.pyde 中的圆圈只能一直变大，要想让圆圈可以重复变大，我们首先学习小数除法、整数整除、取余运算。输入并运行：

sketch_3_2_1.pyde

```
1  print(5.0/2)  # 小数除法
2  print(5/2)  # 整数除法
```

```
3    print(5%2)  # 整数取余
```

输出结果为：

```
2.5
2
1
```

“5.0/2”中的5.0为小数，则“/”为一般除法运算符，5.0/2的结果就是小数2.5。

“5/2”中的5和2都是整数，则“/”为整除运算符，取2.5的整数部分，也就是整数相除的商，因此为2。

“5%2”中的百分号“%”为取余运算符，5%2的结果就是两数相除的余数，因此为1。

练习3-2：写出下面程序运行的结果：

ex_3_2.pyde

```
1    print(1/5.0)  # 一般除法
2    print(2/5)  # 整数除法
3    print(3%5)  # 整数取余
4    print(6%5)  # 整数取余
5    print(10%5) # 整数取余
```

提示 Processing中的Python和标准Python的除法语法有些不同。标准Python中“5/2”为一般除法，结果为2.5；“5//2”为整数除法，结果为2。

利用取余运算符，以下代码可以循环输出0到9这10个数字：

sketch_3_2_2.pyde

```
1    def draw():
2        print(frameCount%10)
```

以下代码可以让圆圈直径从1增加到width−1，然后变成0，继续重复增加到width−1，如此重复变化：

sketch_3_2_3.pyde

```
1    def setup():
2        size(600, 600)
3        frameRate(30)
4
5    def draw():
6        background(255)
```

```
7        fill(200)
8        circle(300, 300, frameCount%width)
```

3.3 绘制同心圆

输入并运行下列代码，可以绘制出如图3-3所示的5个同心圆。注意需要先绘制大圆，避免小圆被大圆覆盖：

sketch_3_3_1.pyde

```
1    def setup():
2        size(600, 600)
3
4    def draw():
5        background(255)
6        fill(200)
7        circle(300, 300, 250)
8        circle(300, 300, 200)
9        circle(300, 300, 150)
10       circle(300, 300, 100)
11       circle(300, 300, 50)
```

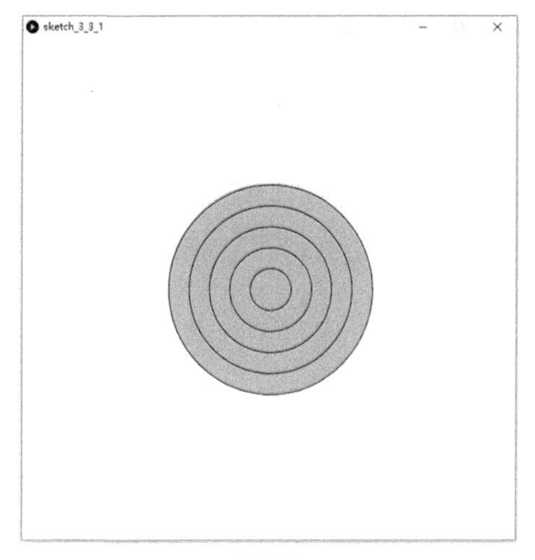

图 3-3

noFill()函数可以设置不填充颜色，仅显示线条。这样先绘制小圆，也可以得到同心圆效果（如图3-4所示）：

sketch_3_3_2.pyde

```
1    def setup():
2        size(600, 600)
```

```
3
4    def draw():
5        background(255)
6        noFill()
7        circle(300, 300, 50)
8        circle(300, 300, 100)
9        circle(300, 300, 150)
10       circle(300, 300, 200)
11       circle(300, 300, 250)
```

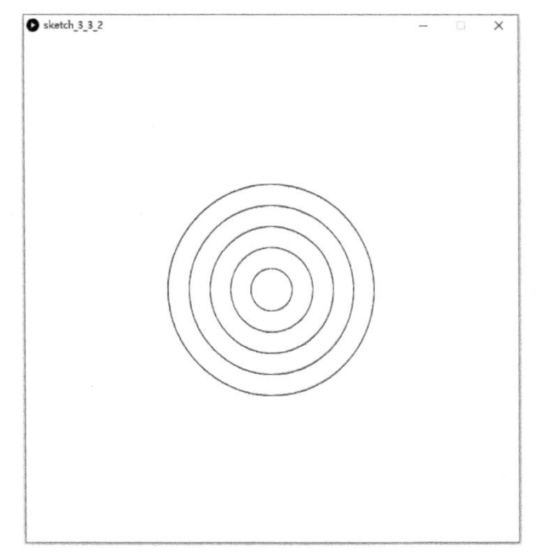

图 3-4

练习3-3：尝试修改代码，绘制出如图3-5所示的10个同心圆。

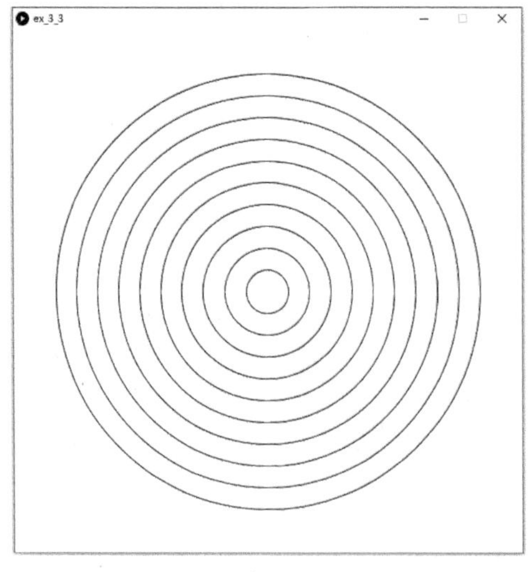

图 3-5

3.4 利用 for 循环语句绘制同心圆

绘制10个同心圆，就需要10条绘制圆圈的语句，非常麻烦。利用Python的for循环语句，两行核心代码就可以绘制出图3-5的效果：

sketch_3_4_1.pyde

```
1  def setup():
2      size(600, 600)
3
4  def draw():
5      background(255)
6      noFill()
7      for diam in range (50, 501, 50):
8          circle(300, 300, diam)
```

输入并运行下列程序：

sketch_3_4_2.pyde

```
1  for i in range(5):
2      print(i)
```

控制台输出：

```
0
1
2
3
4
```

其中range是范围的意思，range(5)就表示从0开始、小于5的整数，也就是0、1、2、3、4这几个数字。

for和in是关键词，表示变量i依次取range(5)范围内的5个数字，循环执行冒号后的print(i)语句，即依次输出了0、1、2、3、4。

提示 for语句后要加一个冒号，循环执行的每条语句都在for语句基础上向右缩进一个单位。

练习3-4：尝试修改sketch_3_4_2.pyde，使它可以在运行后输出如下结果：

```
0
1
2
3
4
5
6
7
8
9
```

练习3-5：尝试修改sketch_3_4_2.pyde，使它可以在运行后输出如下结果：

```
1
2
3
4
5
```

练习3-6：尝试修改sketch_3_4_2.pyde，使它可以在运行后输出如下结果：

```
1
3
5
7
9
```

range()函数也可以设定两端整数的取值范围，比如：

sketch_3_4_3.pyde

```
1    for i in range(3,6):
2        print(i)
```

变量i取值范围为从3开始的、小于6的整数，输出结果为：

```
3
4
5
```

练习3-7：尝试修改sketch_3_4_3.pyde，使它可以在运行后输出如下结果：

```
10
11
12
13
14
15
```

练习3-8：尝试修改sketch_3_4_3.pyde，使它可以在运行后输出如下结果：

```
10
20
30
40
50
```

利用以上所学的知识，我们就可以应用for语句绘制如图3-6所示的20层同心圆：

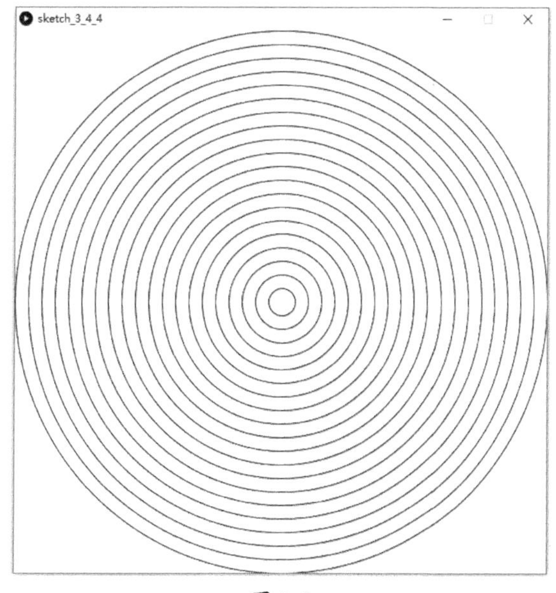

图 3-6

sketch_3_4_4.pyde

```
1  def setup():
2      size(600, 600)
3      noFill()
4      frameRate(30)
5
6  def draw():
7      background(255)
8      for diam in range(1, 21):
9          circle(300, 300, 30*diam)
```

进一步，range还可以设置步长，比如：

sketch_3_4_5.pyde

```
1  for i in range(1, 10, 2):
2      print(i)
```

代码输出从1开始，每次增加2，且小于10的整数，即输出：

```
1
3
5
7
9
```

画多层同心圆的代码也可以修改为：

sketch_3_4_6.pyde

```
1  def setup():
2      size(600, 600)
3      noFill()
4      frameRate(30)
5
6  def draw():
7      background(255)
8      for diam in range(5, width+1, 20):
9          circle(300, 300, diam)
```

range()函数取值范围不仅可以递增，也可以递减，比如：

sketch_3_4_7.pyde

```
1  for i in range(10, 1, -2):
2      print(i)
```

变量i取值从10开始，每次减少2，且大于1，即输出：

```
10
8
6
4
2
```

练习3-9：尝试修改sketch_3_4_6.pyde，用递减的方法画出多层同心圆。

练习3-10：尝试利用for语句，画出如图3-7所示的一圈黑、一圈白的同心圆效果。

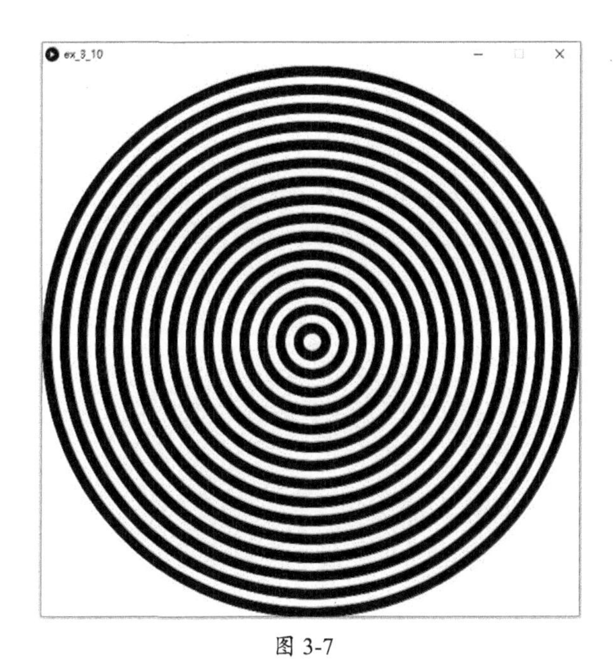

图 3-7

3.5 同心圆逐渐变大的动画效果

结合sketch_3_4_6.pyde与sketch_3_2_3.pyde，以下代码实现所有同心圆直径逐渐变大的效果：

sketch_3_5_1.pyde

```
1   def setup():
2       size(600, 600)
3       noFill()
4       frameRate(30)
5
```

```
6   def draw():
7       background(255)
8       for diam in range(5, width+1, 20):
9           circle(300, 300, (diam+frameCount)%width)
```

strokeWeight() 函数可以设置圆圈线条的粗细，括号内数值越大，线条越粗；不设置时，线条粗细默认为 1。

sketch_3_5_2.pyde

```
1   def setup():
2       size(600, 600)
3       noFill()
4       strokeWeight(3)
5       frameRate(30)
6
7   def draw():
8       background(255)
9       for diam in range(5, width+1, 20):
10          circle(300, 300, (diam+frameCount)%width)
```

运行结果如图 3-8 所示。

图 3-8

和 fill() 函数用法相似，stroke() 函数可以设定绘制图形线条的亮度。括号内 0 为最暗，显示纯黑色；255 为最亮，显示纯白色。

sketch_3_5_3.pyde

```
1   def setup():
2       size(600, 600)
```

```
3       strokeWeight(3)
4       noFill()
5       frameRate(30)
6
7   def draw():
8       background(255)
9       for diam in range(5, width+1, 20):
10          d = (diam+2*frameCount)% width
11          stroke(map(d,0,width,0,255))
12          circle(300, 300, d)
```

同心圆的直径d随着帧数重复变大，再利用map()函数将d从[0,width]映射到[0,255]之间，设为圆圈线条对应的亮度。同心圆半径越大，越接近背景白色，从而可以实现较自然的过渡效果。

运行程序，得到逐渐变大消失的同心圆，如图3-9所示。读者可以盯着同心圆中心一段时间，然后再看其他物体，会有其他物体在收缩变形的错觉。

图 3-9

以下为添加完整注释的代码：

sketch_3_5_4.pyde

```
1   def setup():  # 初始化函数，仅运行一次
2       size(600, 600)  # 设定画面宽度、高度
3       strokeWeight(3) # 设置线条粗细
4       noFill() # 不填充
```

```
5         frameRate(30) # 设置帧率
6
7     def draw():  # 绘制函数，每帧重复运行
8         background(255) # 设置白色背景，并覆盖整个画面
9         for diam in range(5, width+1, 20): # 直径从小遍历到画面宽度
10            d = (diam+2*frameCount) % width # 当前圆圈的直径
11            stroke(map(d,0,width,0,255)) # 设置当前圆圈线条颜色
12            circle(300, 300, d) # 绘制圆心在画面中心，直径为d的圆圈
```

练习3-11：实现逐渐变小的同心圆，读者盯着同心圆中心一段时间，再看其他物体会有膨胀变形的错觉。

3.6　小结

这一章主要讲解了整除、取余、for循环等语法知识，介绍了帧数、帧率、设置线条等方法。利用这些知识点，绘制了催眠的同心圆。读者也可以搜索其他错觉艺术形式（比如大小错觉），尝试编写代码实现。

第4章 旋转的圆弧

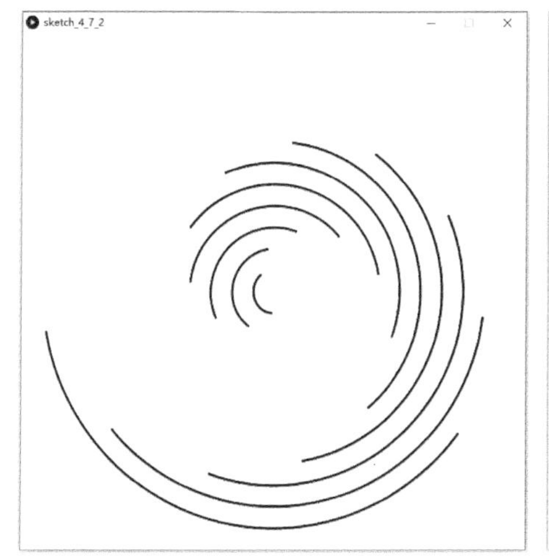

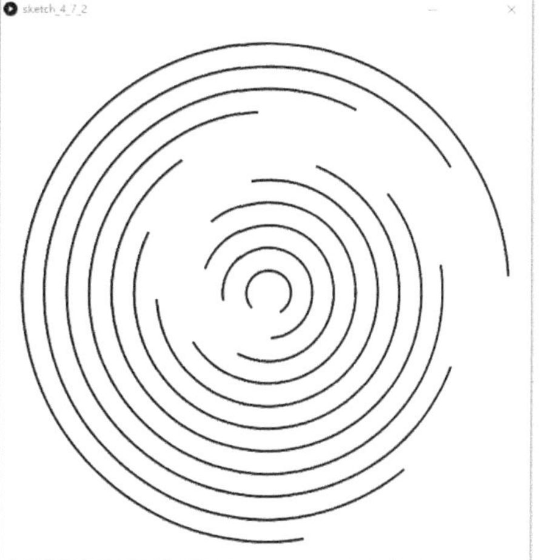

图 4-1

本章我们将实现旋转的圆弧，如图4-1所示。首先学习圆弧的绘制和旋转；接着利用全局变量实现圆弧逐渐变长，学习if选择语句，实现圆弧长度的重复变化；然后学习逻辑运算符，实现圆弧的同时旋转与长度变化；最后实现多层圆弧的动画效果。

本章案例最终代码一共23行，代码参看“配套资源\第4章\sketch_4_7_2\ssketch_4_7_2.pyde”，视频效果参看“配套资源\第4章\旋转的圆弧.mp4”。

4.1　绘制圆弧

本章案例效果由不同的圆弧组合而成，函数arc(x, y, width, height, startAngle, endAngle)可以绘制一段圆弧。其中(x, y)为圆弧对应圆的圆心，(width, height)为对应圆的外切矩形的宽度和高度，(startAngle, endAngle)为圆弧的起始角度、终止角度（顺时针方向，角度单位为弧度），如图4-2所示。

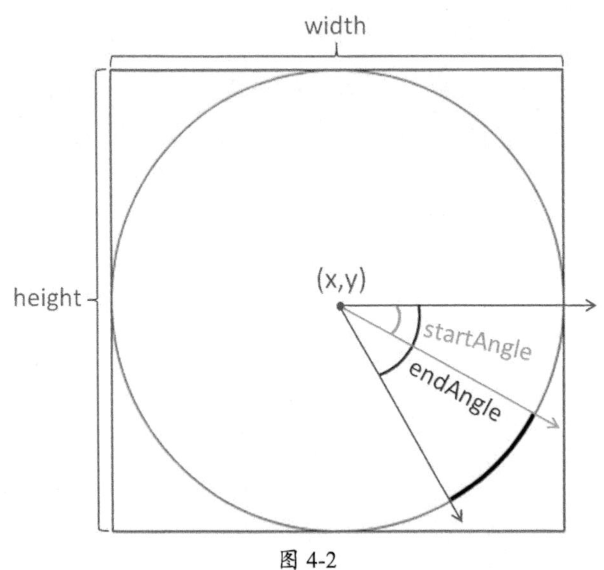

图 4-2

输入并运行以下代码，即可绘制出图4-3所示的图形。其中大写的PI为常量，表示圆周率，角度从0到PI/2即绘制了四分之一个圆的圆弧。

sketch_4_1_1.pyde

```
1  def setup():  # 初始化函数，仅运行一次
2      size(600, 600)  # 设定画面宽度、高度
3      noFill()  # 不填充
4      strokeWeight(3)  # 设置线条粗细
```

```
5
6   def draw():  # 绘制函数，每帧重复运行
7       background(255)  # 设置白色背景，并覆盖整个画面
8       arc(width/2, height/2, 300, 300, 0, PI/2) # 绘制圆弧
```

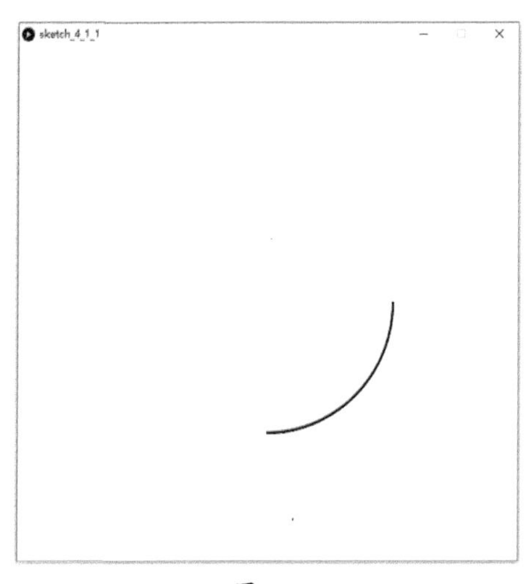

图 4-3

练习4-1：修改sketch_2_8_1.pyde，绘制如图4-4所示的笑脸。

图 4-4

4.2　圆弧的旋转

以下代码可以让PI/2角度范围的圆弧顺时针旋转：

sketch_4_2_1.pyde

```
1   def setup():  # 初始化函数，仅运行一次
2       size(600, 600)  # 设定画面宽度、高度
3       noFill()  # 不填充
4       strokeWeight(3)  # 设置线条粗细
5
6   def draw():  # 绘制函数，每帧重复运行
7       background(255)  # 设置白色背景，并覆盖整个画面
8       startAngle = radians(frameCount % 360) # 圆弧起始角度
9       endAngle = startAngle + PI/2  # 圆弧终止角度
10      arc(width/2, height/2, 300, 300, startAngle, endAngle) # 绘制圆弧
```

其中frameCount % 360的值从1增加到359，然后变成0，继续重复增加到359。函数radians()把[0,360]的度数转换为[0,2 × PI]的弧度。startAngle从0到2 × PI循环变化，endAngle始终设置为startAngle + PI/2，即可以实现绘制圆弧的重复旋转，如图4-5所示。

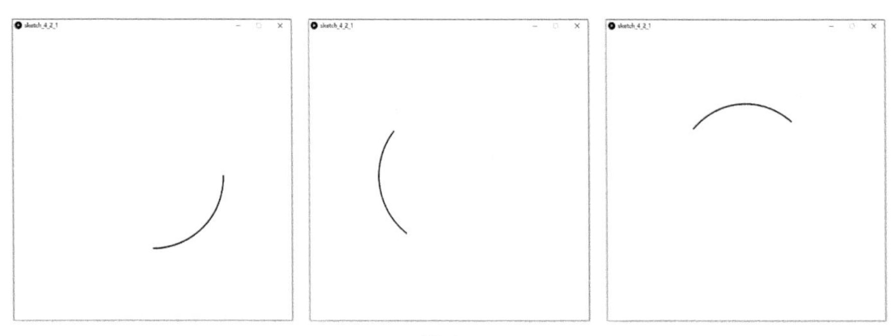

图 4-5

4.3　利用全局变量实现圆弧变长

输入并运行以下代码：

sketch_4_3_1.pyde

```
1   def setup():  # 初始化函数，仅运行一次
2       global n
3       n = 0
4
5   def draw():  # 绘制函数，每帧重复运行
6       print(n)
```

程序重复输出数字0：

```
0
0
0
0
0
```

setup()函数中将变量n初始化为0。为了在setup()函数外也能访问n，在setup()函数中添加代码global n，表示n为全局变量。draw()函数即可以输出全局变量n的值。

进一步，在sketch_4_3_1.pyde基础上添加两行代码：

sketch_4_3_2.pyde

```
1  def setup():  # 初始化函数，仅运行一次
2      global n
3      n = 0
4
5  def draw():  # 绘制函数，每帧重复运行
6      global n
7      n = n + 1
8      print(n)
```

程序输出逐渐变大的整数：

```
1
2
3
4
5
6
7
8
9
10
```

draw()函数中添加了代码n = n + 1，表示让n的数值每帧增加1。当在draw()函数中修改全局变量n的值时，也需要添加语句global n。

练习4-2：尝试修改sketch_3_1_3.pyde，不用frameCount，使用全局变量实现逐渐变大的圆圈。

利用全局变量，我们可以让圆弧逐渐变长，也就是其角度跨越范围

spanAngle逐渐增加（如图4-6所示）：

sketch_4_3_3.pyde

```
1    def setup():  # 初始化函数，仅运行一次
2        global spanAngle # 全局变量
3        size(600, 600)  # 设定画面宽度、高度
4        noFill()  # 不填充
5        strokeWeight(3)  # 设置线条粗细
6        spanAngle = 0  # 圆弧跨越的角度，初始为0
7
8    def draw():  # 绘制函数，每帧重复运行
9        global spanAngle # 全局变量
10       background(255)  # 设置白色背景，并覆盖整个画面
11       spanAngle = spanAngle + radians(1) # 圆弧跨越角度逐渐增加
12       arc(width/2, height/2, 300, 300, 0, spanAngle) # 绘制圆弧
```

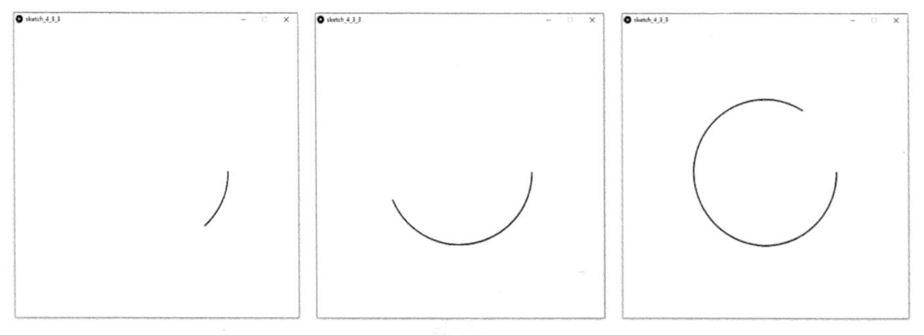

图 4-6

另外，我们还可以设定变量spanAngleSpeed存储圆弧跨越角度变化的速度：

sketch_4_3_4.pyde

```
1    def setup():  # 初始化函数，仅运行一次
2        global spanAngle,spanAngleSpeed # 全局变量
3        size(600, 600)  # 设定画面宽度、高度
4        noFill()  # 不填充
5        strokeWeight(3)  # 设置线条粗细
6        spanAngle = 0  # 圆弧跨越的角度，初始为0
7        spanAngleSpeed = 1 # 圆弧跨越角度变化速度
8
9    def draw():  # 绘制函数，每帧重复运行
10       global spanAngle # 全局变量
11       background(255)  # 设置白色背景，并覆盖整个画面
12       spanAngle = spanAngle + radians(spanAngleSpeed) # 圆弧跨越角度增加
13       arc(width/2, height/2, 300, 300, 0, spanAngle) # 绘制圆弧
```

同时将两个变量声明为全局变量，可以合起来写为global spanAngle,

spanAngleSpeed，两个变量间用逗号分隔。

4.4 if 语句实现圆弧长度重复变化

代码sketch_4_3_4.pyde中的圆弧长度只能一直增加，要想让圆弧跨越角度增加到2 × PI后继续变小，修改第10行代码，添加13、14两行代码：

sketch_4_4_1.pyde

```
1   def setup():  # 初始化函数，仅运行一次
2       global spanAngle,spanAngleSpeed # 全局变量
3       size(600, 600)  # 设定画面宽度、高度
4       noFill()  # 不填充
5       strokeWeight(3)  # 设置线条粗细
6       spanAngle = 0  # 圆弧跨越的角度，初始为0
7       spanAngleSpeed = 1 # 圆弧跨越角度变化速度
8
9   def draw():  # 绘制函数，每帧重复运行
10      global spanAngle,spanAngleSpeed # 全局变量
11      background(255)  # 设置白色背景，并覆盖整个画面
12      spanAngle = spanAngle + radians(spanAngleSpeed) # 圆弧跨越角度增加
13      if spanAngle > 2*PI: # 当跨越角度达到2PI时
14         spanAngleSpeed = -spanAngleSpeed # 更改跨越角度变化速度的方向
15      arc(width/2, height/2, 300, 300, 0, spanAngle) # 绘制圆弧
```

添加的代码叫if语句，也叫选择判断语句。if spanAngle > 2*PI:表示当spanAngle的值大于2 × PI时，执行冒号后的语句spanAngleSpeed = -spanAngleSpeed，即将圆弧跨越角度变化速度反向，圆弧长度开始变小。

提示 if语句冒号后，即if条件满足才执行的语句，要在if语句基础上向右缩进一个单位。

Python中共有6种运算符判断两个数字的大小关系：

表达式	含　义
x > y	x是否大于y
x < y	x是否小于y
x == y	x是否等于y
x != y	x是否不等于y
x >= y	x是否大于或等于y
x <= y	x是否小于或等于y

进一步我们可以让计算机进行一些智能处理，比如判断两个数字的大小：

sketch_4_4_2.pyde

```
1    x = 3
2    y = 5
3    if x > y:
4        print("x > y")
5    if x == y:
6        print("x == y")
7    if x < y:
8        print("x < y")
```

运行后输出：

```
x < y
```

print() 函数除了可以输出数字外，也可以输出字符串，即双引号或单引号内包含的若干字符。

提示　x=y是赋值语句，表示把y的值赋给x。x==y一般应用于if x==y:，表示如果x和y值相等，就执行冒号后的语句。

练习4-3：编程计算11×13×15×17，并用if语句判断结果是否大于30000。

进一步，当圆弧跨越角度减小到0时，可以再让其变化速度反向，从而又让圆弧长度开始增加。如此即实现了圆弧长度的重复变化。

sketch_4_4_3.pyde

```
1    def setup():  # 初始化函数，仅运行一次
2        global spanAngle,spanAngleSpeed # 全局变量
3        size(600, 600)  # 设定画面宽度、高度
4        noFill()  # 不填充
5        strokeWeight(3)  # 设置线条粗细
6        spanAngle = 0  # 圆弧跨越的角度，初始为0
7        spanAngleSpeed = 1 # 圆弧跨越角度变化速度
8
9    def draw():  # 绘制函数，每帧重复运行
10       global spanAngle,spanAngleSpeed # 全局变量
11       background(255)  # 设置白色背景，并覆盖整个画面
12       spanAngle = spanAngle + radians(spanAngleSpeed) # 圆弧跨越角度增加
13       if spanAngle > 2*PI: # 当跨越角度大于2PI时
14           spanAngleSpeed = -spanAngleSpeed # 更改跨越角度变化速度的方向
15       if spanAngle < 0: # 当跨越角度小于0时
16           spanAngleSpeed = -spanAngleSpeed # 更改跨越角度变化速度的方向
17       arc(width/2, height/2, 300, 300, 0, spanAngle) # 绘制圆弧
```

4.5 逻辑运算符

分析代码sketch_4_4_3.pyde，我们发现当满足spanAngle > 2 × PI或者满足spanAngle < 0时，均会执行spanAngleSpeed = -spanAngleSpeed语句。Python为我们准备了三个逻辑运算符，方便进行多个判断条件的组合：not（非）、and（与）、or（或）。

首先，输入并运行如下代码：

sketch_4_5_1.pyde

```
1    print(3 > 2)
2    print(4 > 5)
```

3 > 2正确，因此输出“True”；4 > 5错误，因此输出“False”。继续运行代码：

sketch_4_5_2.pyde

```
1    print(not(3 > 2))
2    print(not(4 > 5))
```

输出结果为“False”、“True”，即not（非）会把正确的条件变成错误，把错误的条件变成正确。运行代码：

sketch_4_5_3.pyde

```
1    print((3 > 2) or (4 > 5))
2    print((3 > 2) and (4 > 5))
```

输出结果为：“True”、“False”。or（或）运算符两边的条件只要有一个是正确的，组合条件就是正确的；and（与）运算符只有当两边的条件都是正确时，组合条件才是正确的。

利用逻辑运算符，可将sketch_4_4_3.pyde中的两条if语句合并为一条：

sketch_4_5_4.pyde

```
1    def setup():  # 初始化函数，仅运行一次
2        global spanAngle,spanAngleSpeed # 全局变量
3        size(600, 600)  # 设定画面宽度、高度
4        noFill()  # 不填充
5        strokeWeight(3)  # 设置线条粗细
6        spanAngle = 0  # 圆弧跨越的角度，初始为0
7        spanAngleSpeed = 1 # 圆弧跨越角度变化速度
8
9    def draw():  # 绘制函数，每帧重复运行
10       global spanAngle,spanAngleSpeed # 全局变量
11       background(255)  # 设置白色背景，并覆盖整个画面
```

```
12        spanAngle = spanAngle + radians(spanAngleSpeed) # 圆弧跨越角度增加
13        if spanAngle > 2*PI or spanAngle < 0: # 当跨越角度达到2PI或0时
14            spanAngleSpeed = -spanAngleSpeed # 更改跨越角度变化速度的方向
15        arc(width/2, height/2, 300, 300, 0, spanAngle) # 绘制圆弧
```

练习4-4：利用if语句实现圆半径重复变大、变小的效果。

4.6　圆弧同时旋转与长度变化

结合4.2节与4.6节中的方法，以下代码实现圆弧一边旋转、一边长度变化效果（如图4-7所示）：

sketch_4_6_1.pyde

```
1   def setup(): # 初始化函数，仅运行一次
2       global spanAngle,spanAngleSpeed # 全局变量
3       size(600, 600)  # 设定画面宽度、高度
4       noFill()  # 不填充
5       strokeWeight(3)  # 设置线条粗细
6       spanAngle = 0  # 圆弧跨越的角度，初始为0
7       spanAngleSpeed = 0.5 # 圆弧跨越角度变化速度
8
9   def draw(): # 绘制函数，每帧重复运行
10      global spanAngle,spanAngleSpeed # 全局变量
11      background(255)  # 设置白色背景，并覆盖整个画面
12      # 圆弧终点角度，随着帧率循环变大
13      endAngle = 2*radians(frameCount % 360)
14      spanAngle = spanAngle + radians(spanAngleSpeed) # 圆弧跨越角度变化
15      startAngle = endAngle - spanAngle # 求出圆弧起点角度
16      if spanAngle > 2*PI or spanAngle < 0: # 当跨越角度达到2PI或0时
17          spanAngleSpeed = -spanAngleSpeed # 更改跨越角度变化速度的方向
18      arc(width/2, height/2, 300, 300, startAngle, endAngle) # 绘制圆弧
```

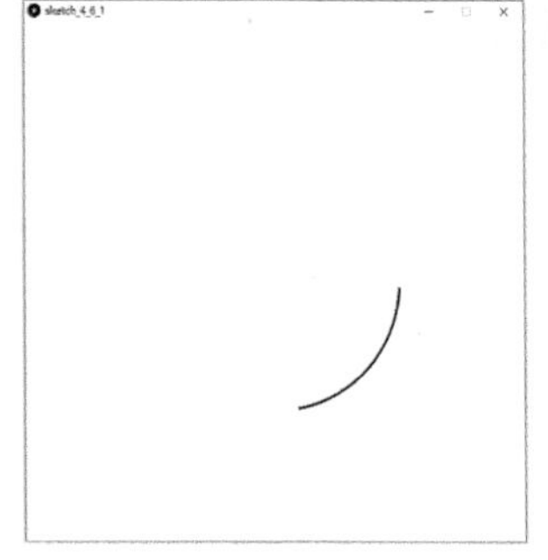
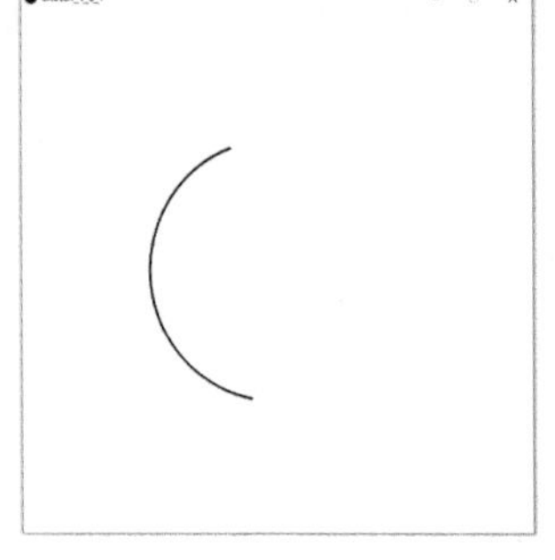

图 4-7

4.7 多层圆弧效果

for循环中变量diam从50逐渐增加到width，可以绘制多层圆弧的效果（如图4-8所示）：

sketch_4_7_1.pyde

```
1   def setup():  # 初始化函数，仅运行一次
2       global spanAngle,spanAngleSpeed # 全局变量
3       size(600, 600)  # 设定画面宽度、高度
4       noFill()  # 不填充
5       strokeWeight(3)  # 设置线条粗细
6       spanAngle = 0  # 圆弧跨越的角度，初始为0
7       spanAngleSpeed = 0.5 # 圆弧跨越角度变化速度
8   
9   def draw():  # 绘制函数，每帧重复运行
10      global spanAngle,spanAngleSpeed # 全局变量
11      background(255)  # 设置白色背景，并覆盖整个画面
12      # 圆弧终点角度，随着帧率循环变大
13      endAngle = 2*radians(frameCount % 360)
14      spanAngle = spanAngle + radians(spanAngleSpeed) # 圆弧跨越角度变化
15      startAngle = endAngle - spanAngle # 求出圆弧起点角度
16      if spanAngle > 2*PI or spanAngle < 0: # 当跨越角度达到2PI或0时
17         spanAngleSpeed = -spanAngleSpeed # 更改跨越角度变化速度的方向
18      for diam in range(50,width,50): # 圆弧直径从50开始遍历到width
19        arc(width/2,height/2,diam,diam,startAngle,endAngle) #绘制圆弧
```

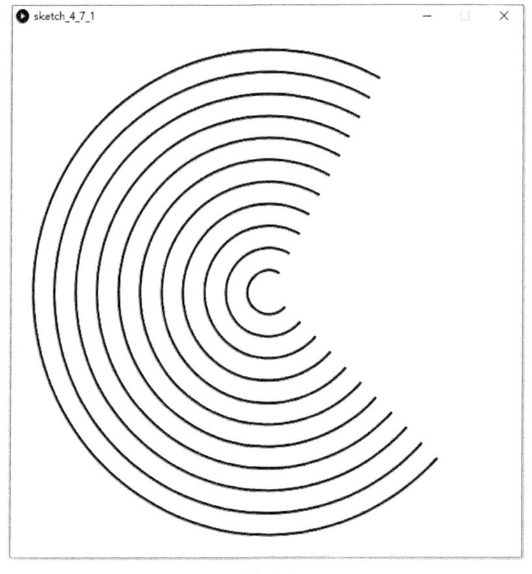

图 4-8

进一步，添加变量angleShift，为不同直径的圆弧添加角度偏移（如图4-9

所示）：

sketch_4_7_2.pyde

```
1    def setup():  # 初始化函数，仅运行一次
2        global spanAngle,spanAngleSpeed # 全局变量
3        size(600, 600)  # 设定画面宽度、高度
4        noFill()  # 不填充
5        strokeWeight(3)  # 设置线条粗细
6        spanAngle = 0  # 圆弧跨越的角度，初始为0
7        spanAngleSpeed = 0.5 # 圆弧跨越角度变化速度
8
9    def draw():  # 绘制函数，每帧重复运行
10       global spanAngle,spanAngleSpeed # 全局变量
11       background(255)  # 设置白色背景，并覆盖整个画面
12       # 圆弧终点角度，随着帧率循环变大
13       endAngle = 2*radians(frameCount % 360)
14       spanAngle = spanAngle + radians(spanAngleSpeed) # 圆弧跨越角度变化
15       startAngle = endAngle - spanAngle # 求出圆弧起点角度
16
17       if spanAngle > 2*PI or spanAngle < 0: # 当跨越角度达到2PI或0时
18           spanAngleSpeed = -spanAngleSpeed # 更改跨越角度变化速度的方向
19
20       for diam in range(50,width,50): # 圆弧直径从50开始遍历到width
21           angleShift = radians(360*diam/width) # 不同直径圆弧有个偏移量
22           arc(width/2,height/2,diam,diam,  # 绘制对应的各个圆弧
23               startAngle+angleShift,endAngle+angleShift)
```

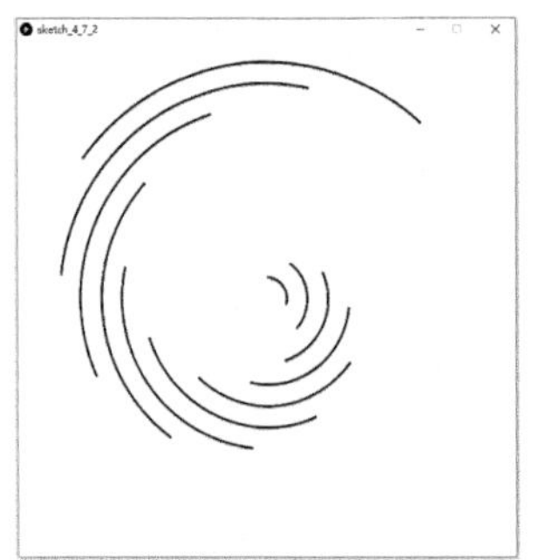
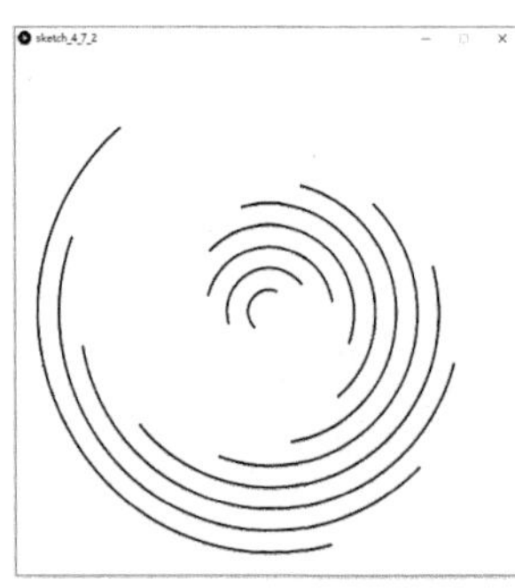
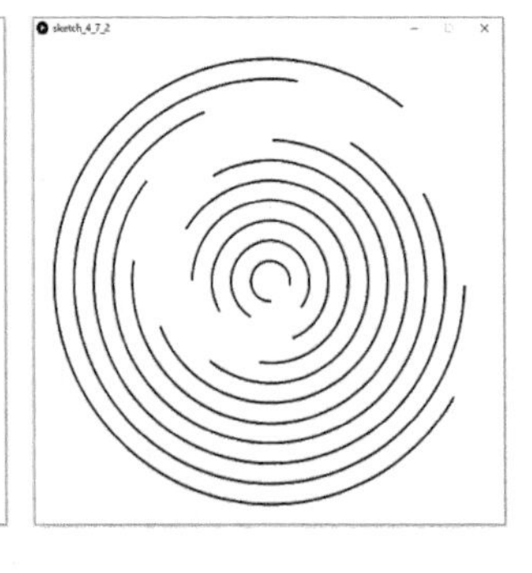

图 4-9

4.8　小结

这一章主要讲解了全局变量、if选择判断、比较大小运算符、逻辑运算符等语法知识，介绍了圆弧的绘制。利用这些知识点，绘制了旋转的圆弧。读者也可以利用if选择和for循环，尝试实现理发店标志转灯的效果。

第5章 简易毛笔字

图 5-1

本章我们将实现简易毛笔字程序，读者可以按下鼠标按键移动，在程序窗口写出毛笔字的效果，如图5-1所示。

首先学习鼠标的交互方法，实现鼠标画圆、鼠标画线；接着改变画线的粗细，实现粗细的平滑过渡；最后在一条线段上进行粗细插值，并添加分叉线的绘制。

本章案例最终代码一共52行，代码参看“配套资源\第5章\sketch_5_6_1\sketch_5_6_1.pyde”，视频效果参看“配套资源\第5章\简易毛笔字.mp4”。

5.1　鼠标画圆

输入并运行以下代码，实现鼠标移动时，在对应位置处画圆（如图5-2所示）：

sketch_5_1_1.pyde

```
1    def setup():  # 初始化函数，仅运行一次
2        size(800, 600)  # 设定画面宽度、高度
3        noStroke()  # 不绘制线条
4        fill(0) # 填充黑色
5        background(255)  # 设置白色背景
6
7    def draw():  # 绘制函数，每帧重复运行
8        circle(mouseX, mouseY, 10) # 在鼠标位置处画一个圆
```

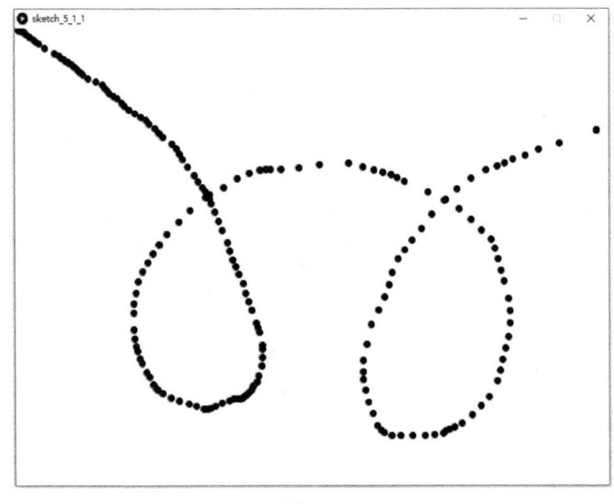

图 5-2

Processing还提供了mousePressed()函数，当按下鼠标按键时执行；mouseDragged()函数，当鼠标按键并且移动时执行。以下代码实现鼠标按键

后才画圆，从而更逼近实际落笔写字的过程（如图5-3所示）。

sketch_5_1_2.pyde

```
1   def setup():  # 初始化函数，仅运行一次
2       size(800, 600)  # 设定画面宽度、高度
3       noStroke()  # 不绘制线条
4       fill(0) # 填充黑色
5       background(255)  # 设置白色背景
6
7   def draw():  # 绘制函数，每帧重复运行
8       return # 函数直接返回
9
10  def mousePressed(): # 当鼠标按键时
11      circle(mouseX, mouseY, 10) # 在鼠标位置处画一个圆
12
13  def mouseDragged(): # 当鼠标按键后拖动时
14      circle(mouseX, mouseY, 10) # 在鼠标位置处画一个圆
```

图 5-3

为了能够正常绘制，即使没有实际的内容也需要写上draw()函数。函数内部的return表示返回，draw()函数结束运行。

5.2 鼠标画线

当鼠标移动速度过快时，图5-3中会有不连续的笔画。为了解决这一问题，可以使用画线函数line(x1, y1, x2, y2)，在顶点(x1, y1)、(x2, y2)之间绘制一条线段。记录鼠标上一帧的位置(lastX, lastY)，与鼠标当前位置(mouseX, mouseY)绘制连线，这样不管鼠标移动速度多快，都可以画出连续的笔画。

sketch_5_2_1.pyde

```
1   def setup():  # 初始化函数，仅运行一次
2       size(800, 600)  # 设定画面宽度、高度
3       strokeWeight(10) # 设置线条粗细
4       background(255)  # 设置白色背景
5
6   def draw():  # 绘制函数，每帧重复运行
7       return # 函数直接返回
8
9   def mousePressed(): # 当鼠标按键时
10      global lastX,lastY # 全局变量
11      lastX = mouseX   # 当鼠标按下时，表示这一笔的起点坐标
12      lastY = mouseY
13
14  def mouseDragged(): # 当鼠标按键后拖动时
15      global lastX,lastY # 全局变量
16      line(lastX,lastY,mouseX, mouseY)  # 画线
17      lastX = mouseX # 更新前一个点的坐标
18      lastY = mouseY
```

当鼠标按键时，执行mousePressed()函数，将鼠标坐标(mouseX,mouseY)记录到(lastX,lastY)中，表示这一笔的起点坐标。鼠标按键后移动，执行mouseDragged()函数，首先利用函数line(lastX,lastY,mouseX,mouseY)画一条直线，然后再把(lastX,lastY)更新为当前鼠标位置。如此即可实现连续的鼠标画线功能，效果如图5-4所示。

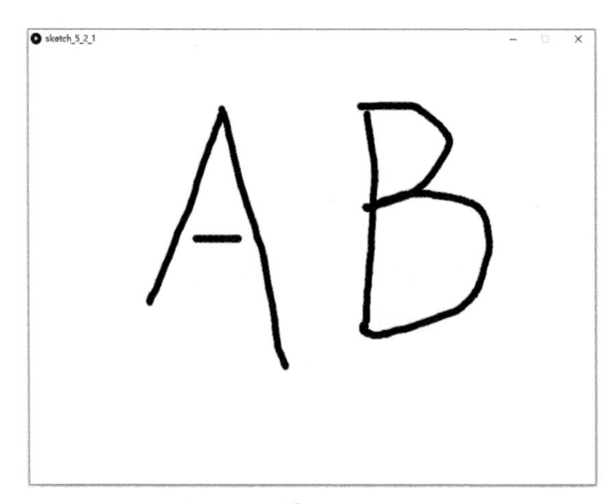

图 5-4

练习5-1：绘制图5-5所示的围棋棋盘。

除了鼠标交互外，Processing还提供了键盘交互的功能，按下键盘任意键后会执行keyPressed()函数。在sketch_5_2_1.pyde基础上添加两行代码，可以

实现按任意键后用背景颜色清屏，方便用户重新交互绘制：

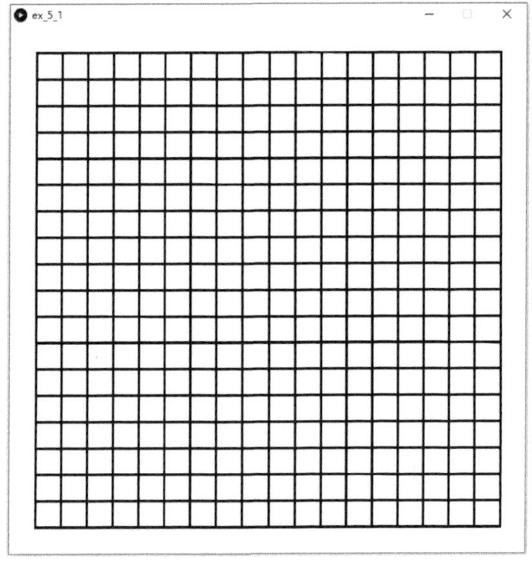

图 5-5

sketch_5_2_2.pyde（其他代码同sketch_5_2_1.pyde）

```
20    def keyPressed(): # 当按下任意键盘按键时
21        background(255) # 重新用白色填充屏幕
```

5.3 改变画线粗细

这一节我们模拟真实毛笔笔触的效果：鼠标移动速度越快，线条越细；鼠标移动速度越慢，线条越粗，如图5-6所示。

图 5-6

在mousePressed()函数中，首先设定X方向分速度vx=0，Y方向分速度vy=0，笔触的粗细thickness初始化为1。

在mouseDragged()函数中，首先利用当前鼠标位置和之前鼠标位置，计算出鼠标的移动速度vx、vy：

```
vx = mouseX-lastX
vy = mouseY-lastY
```

计算当前移动速度的大小（即向量的模）v，其中sqrt()为求平方根函数：

```
v = sqrt(vx*vx+vy*vy)
```

设定当前画笔粗细，v越大thickness越小：

```
thickness = maxThickness - v
strokeWeight(thickness) # 设置线粗细
```

完整代码如下：

sketch_5_3_1.pyde

```
1  def setup():  # 初始化函数，仅运行一次
2      global maxThickness # 全局变量
3      size(800, 600)  # 设定画面宽度、高度
4      strokeWeight(10) # 设置线条粗细
5      background(255)  # 设置白色背景
6      maxThickness = 25 # 最粗笔触
7
8  def draw():  # 绘制函数，每帧重复运行
9      return # 函数直接返回
10
11 def mousePressed(): # 当鼠标按键时
12     global lastX,lastY,vx,vy,thickness # 全局变量
13     lastX = mouseX   # 当鼠标按下时，表示这一笔的起点坐标
14     lastY = mouseY
15     vx = 0 # 移动的速度初始化为0
16     vy = 0
17     thickness = 1 # 鼠标刚按下时，笔触粗细为1
18
19 def mouseDragged(): # 当鼠标按键后拖动时
20     global lastX,lastY, vx, vy,thickness # 全局变量
21     vx = mouseX-lastX # 获得当前移动速度
22     vy = mouseY-lastY
23     v = sqrt(vx*vx+vy*vy) # 当前移动速度的模
24
25     # 速度越快，笔触越细
26     thickness = maxThickness - v
27     if thickness < 0:   # 防止粗细小于0
28        thickness = 0
29     strokeWeight(thickness) # 设置线宽度
30
31     line(lastX,lastY,mouseX, mouseY)  # 画线
32     lastX = mouseX # 更新前一个点的坐标
33     lastY = mouseY
34
35 def keyPressed(): # 当按下任意键盘按键时
36     background(255) # 重新用白色填充屏幕
```

5.4 粗细平滑过渡

当鼠标移动速度变化较大时，为了防止笔触粗细变化过剧烈，可以对鼠标速度进行处理：

sketch_5_4_1.pyde（其他代码同sketch_5_3_1.pyde）

```
21         vx = 0.7*vx + 0.3*(mouseX-lastX) # 获得当前移动速度，保持连续插值
22         vy = 0.7*vy + 0.3*(mouseY-lastY)
```

这样新的鼠标速度vx由旧的速度vx和当前新速度(mouseX−lastX)加权平均获得，一定程度上防止速度变化过快。

另外，定义变量lastThickness记录之前笔触粗细，nextThickness记录之后的笔触粗细，应用加权平均的方法防止笔触粗细变化过于剧烈：

sketch_5_4_2.pyde（其他代码同sketch_5_4_1.pyde）

```
11     def mousePressed(): # 当鼠标按键时
12         global lastX,lastY,vx,vy,lastThickness # 全局变量
13         lastX = mouseX   # 当鼠标按下时，表示这一笔的起点坐标
14         lastY = mouseY
15         vx = 0 # 移动的速度初始化为0
16         vy = 0
17         lastThickness = 1 # 鼠标刚按下时，笔触粗细为1
18 
19     def mouseDragged(): # 当鼠标按键后拖动时
20         global lastX,lastY, vx, vy,lastThickness # 全局变量
21         vx = 0.7*vx + 0.3*(mouseX-lastX) # 获得当前移动速度，保持连续插值
22         vy = 0.7*vy + 0.3*(mouseY-lastY)
23         v = sqrt(vx*vx+vy*vy) # 当前移动速度的绝对值
24 
25         # 速度越快，笔触越细
26         nextThickness = maxThickness - v
27         if nextThickness < 0:   # 防止粗细小于0
28            nextThickness = 0
29         # 笔触的粗细也需要连续，防止变化太剧烈
30         nextThickness = 0.5*nextThickness + 0.5*lastThickness
31         strokeWeight(lastThickness) # 设置线粗细
32 
33         line(lastX,lastY,mouseX, mouseY)  # 画线
34         lastX = mouseX # 更新前一个点的坐标
35         lastY = mouseY
36         lastThickness = nextThickness # 更新前一个笔触的粗细
```

5.5 一条线段上粗细插值

当鼠标移动速度过快时，仍然会出现图5-7所示的笔触粗细变化不连续的

情况。为了处理这一问题，我们可以将线段line(lastX,lastY,mouseX, mouseY)分成n段分别绘制。

图 5-7

sketch_5_5_1.pyde（其他代码同sketch_5_4_2.pyde）

```
32        n = 10 + int(v/2) # 速度越快，分段数越高
33        for i in range(1,n+1): # 将鼠标前后两个点间分成n段绘制
34            x1 = map(i-1,0,n,lastX,mouseX) # 对应的前后两个顶点坐标
35            y1 = map(i-1,0,n,lastY,mouseY)
36            x2 = map(i,0,n,lastX,mouseX)
37            y2 = map(i,0,n,lastY,mouseY)
38            # 对应的这一小段的粗细
39            thickness = map(i-1,0,n,lastThickness,nextThickness)
40            strokeWeight(thickness) # 设置线粗细
41            line(x1,y1,x2, y2)  # 画线
```

首先将(lastX,lastY)、(mouseX, mouseY)两点连成的线段分成n份，鼠标移动速度越快，n的值越大。

由于for语句中range()设定范围的数字必须是整数，第33行代码使用int()函数把小数转换为整数。除了int()外，Python还提供了float()函数把整数和字符串转换成浮点数（小数），str()函数把数字转换为字符串。

sketch_5_5_2.pyde

```
1    print(int(3.5))          # 把浮点数转换为整数
2    print(int("31"))         # 把字符串转换为整数
3    print(float(3))          # 把整数转换为浮点数
4    print(float("3.14"))     # 把字符串转换为浮点数
5    print(str(12345))        # 把整数转换为字符串
6    print(str(5.4321))       # 把浮点数转换为字符串
```

这三个函数也称为类型转换函数，运行后输出：

```
3
31
3.0
3.14
12345
5.4321
```

练习5-2：阅读以下代码，写出运行结果：

ex_5_2.pyde

```
1    print(5/2)
2    print(float(5)/2)
3    print(int(5.0/2))
```

for语句中，利用map()函数求出对应分线段的两端顶点坐标(x1,y1)、(x2,y2)，得到平滑过渡的笔触粗细thickness，绘制相应的线条line(x1,y1,x2,y2)，即可以实现粗线平滑变化的效果，如图5-8所示。

图 5-8

5.6 绘制分叉线

这一节，我们实现毛笔笔尖分叉的绘制效果，如图5-9所示：

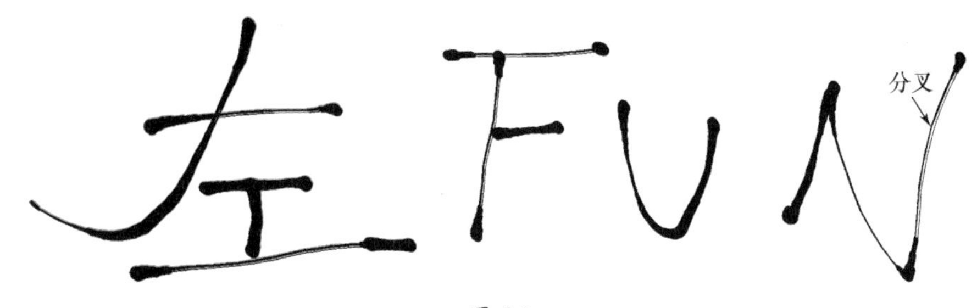

图 5-9

首先定义偏移量offset = 2，以thickness+offset的粗细绘制主要的笔触线条line(x1,y1,x2,y2)。然后设定笔触粗细为thickness，在主线条的右下方绘制线条line(x1+offset*2,y1+offset*2,x2+offset*2, y2+offset*2)，在主线条的左上方绘制线条line(x1-offset,y1-offset,x2-offset, y2-offset)。如此即实现了分叉线的绘制，完整代码如下：

sketch_5_6_1.pyde

```
1    def setup():  # 初始化函数，仅运行一次
2        global maxThickness,offset # 全局变量
3        size(1920, 1080)  # 设定画面宽度、高度
4        strokeWeight(10) # 设置线条粗细
5        background(255)  # 设置白色背景
6        maxThickness = 25 # 最粗笔触
7        offset = 2 # 用于画偏移分叉线
8    
9    def draw():  # 绘制函数，每帧重复运行
10       return # 函数直接返回
11   
12   def mousePressed(): # 当鼠标按键时
13       global lastX,lastY,vx,vy,lastThickness # 全局变量
14       lastX = mouseX   # 当鼠标按下时，表示这一笔的起点坐标
15       lastY = mouseY
16       vx = 0 # 移动的速度初始化为0
17       vy = 0
18       lastThickness = 1 # 鼠标刚按下时，笔触粗细为1
19   
20   def mouseDragged(): # 当鼠标按键后拖动时
21       global lastX,lastY, vx, vy,lastThickness # 全局变量
22       vx = 0.7*vx + 0.3*(mouseX-lastX) # 获得当前移动速度，保持连续插值
23       vy = 0.7*vy + 0.3*(mouseY-lastY)
24       v = sqrt(vx*vx+vy*vy) # 当前移动速度的模
25   
26       # 速度越快，笔触越细
27       nextThickness = maxThickness - v
28       if nextThickness < 0:   # 防止粗细小于0
29          nextThickness = 0
30       # 笔触的粗细也需要连续，防止变化太剧烈
31       nextThickness = 0.5*nextThickness + 0.5*lastThickness
32   
33       n = 10 + int(v/2) # 速度越快，分段数越高
34       for i in range(1,n+1): # 将鼠标前后两个点间分成n段绘制
35           x1 = map(i-1,0,n,lastX,mouseX) # 对应的前后两个顶点坐标
36           y1 = map(i-1,0,n,lastY,mouseY)
37           x2 = map(i,0,n,lastX,mouseX)
38           y2 = map(i,0,n,lastY,mouseY)
39           # 对应的这一小段的粗细
40           thickness = map(i-1,0,n,lastThickness,nextThickness)
41           strokeWeight(thickness+offset) # 主线粗细加一个偏移量
42           line(x1,y1,x2,y2)  # 画主线
43           strokeWeight(thickness) # 以下画出偏移，模拟毛笔分叉绘制的效果
44           line(x1+offset*2,y1+offset*2,x2+offset*2,y2+offset*2)
45           line(x1-offset,y1-offset,x2-offset,y2-offset)
46   
47       lastX = mouseX # 更新前一个点的坐标
48       lastY = mouseY
```

```
49        lastThickness = nextThickness # 更新前一个笔触的粗细
50
51    def keyPressed(): # 当按下任意键盘按键时
52        background(255) # 重新用白色填充屏幕
```

5.7 小结

这一章主要讲解了类型转换的语法知识，介绍了直线的绘制、鼠标键盘的互动。利用这些知识点，实现了简易毛笔字程序。读者也可以借鉴本章的思路，尝试实现水彩笔、蜡笔、粉笔等其他画笔的绘制效果。

第 6 章 旋转的方块

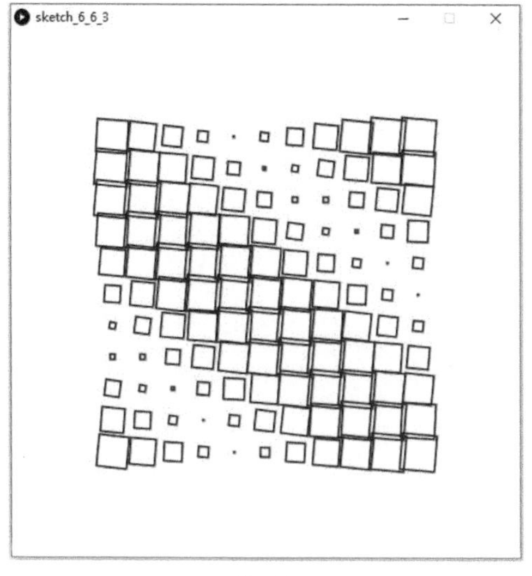

图 6-1

本章我们将实现旋转的方块，如图6-1所示。首先实现方块的绘制，学习坐标系的平移、旋转与缩放；接着实现一行方块的绘制，学习坐标系的保存与恢复；然后利用循环嵌套实现方块阵列的绘制；最后学习中文字符串的处理，实现文字表情包的制作。

本章案例最终代码一共19行，代码参看“配套资源\第6章\sketch_6_6_3\sketch_6_6_3.pyde”，视频效果参看“配套资源\第6章\旋转的方块.mp4”。

6.1 绘制方块

函数square(x,y,w)在坐标(x,y)处绘制一个边长为w的正方形。输入并运行以下代码，在窗口中绘制一个正方形（如图6-2所示）：

sketch_6_1_1.pyde

```
1   def setup():
2       size(500, 500) # 设定画布大小
3       noFill()  # 不要填充颜色
4       strokeWeight(2)  # 制定边框线条粗细为2像素
5       stroke(50) # 设定线条颜色为淡灰色，0为纯黑、255为纯白
6
7   def draw():
8       background(255)   # 纯白背景
9       square(width/2, height/2, 100) # 在画面正中心画一个矩形
```

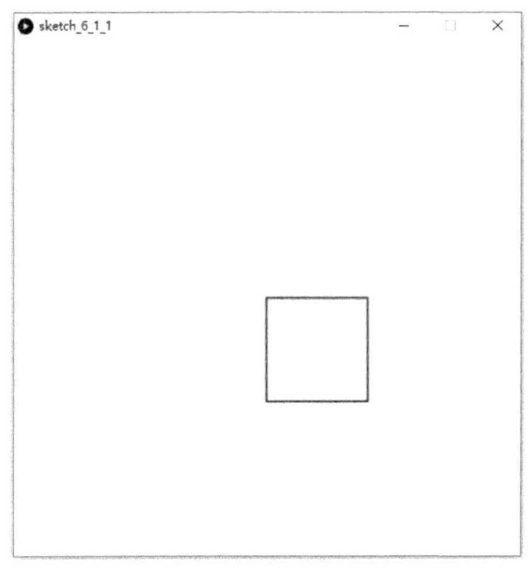

图 6-2

函数square(x,y,w)默认设置矩形左上角的坐标为(x,y)。为了便于处理，可以添加语句rectMode(CENTER)，表示将矩形中心坐标设为(x,y)。

sketch_6_1_2.pyde（其他代码同 sketch_6_1_1.pyde）

```
9         rectMode(CENTER)    # 矩形模式中心定位
10        square(width/2, height/2, 100) # 在画面正中心画一个矩形
```

代码运行后，正方形的中心坐标正好为画面的中心坐标(width/2, height/2)，如图 6-3 所示。

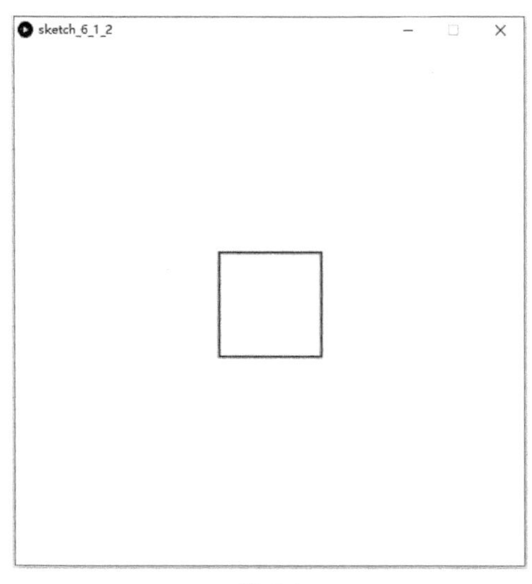

图 6-3

除了在函数 square(x,y,w) 中修改矩形的位置外，我们还可以使用坐标系平移函数 translate(x,y)，表示把坐标系的原点在水平方向移动 x、在垂直方向移动 y。执行以下代码，可以得到和图 6-3 同样的绘制效果：

sketch_6_1_3.pyde（其他代码同 sketch_6_1_2.pyde）

```
9         rectMode(CENTER)    # 矩形模式中心定位
10        translate(width/2,height/2) # 将坐标系原点移动到画面中心坐标位置
11        square(0,0,100) # 在局部坐标系原点画一个矩形
```

图 6-4 左为 sketch_6_1_2.pyde 的绘制示意图，坐标系原点在左上角的 (0,0) 处，square(width/2, height/2, 100) 表示在 (width/2, height/2) 处绘制一个正方形。

图 6-4 右为 sketch_6_1_3.pyde 的绘制示意图，通过 translate(width/2, height/2) 函数把坐标系原点向右移动 width/2、向下移动 height/2，坐标系原点移到了整个窗口的中心。square(0, 0, 100) 函数表示在新坐标系的 (0, 0) 处绘制一个正方形，即在窗口的中心绘制了一个正方形。

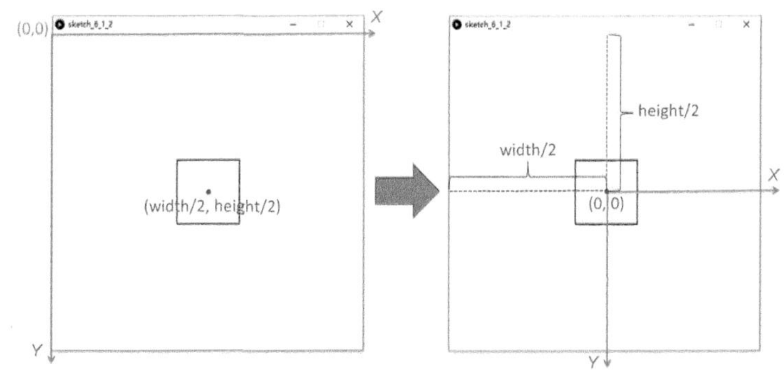

图 6-4

6.2 方块旋转

函数rotate(angle)可以让其后绘制的图形绕着坐标系原点旋转angle角度（如图6-5所示）：

sketch_6_2_1.pyde（其他代码同sketch_6_1_3.pyde）

```
9         rectMode(CENTER)    # 矩形模式中心定位
10        translate(width/2, height/2)  # 将坐标系原点移动到画面中心位置
11        rotate(radians(30))  # 绕着坐标系原点旋转30度
12        square(0, 0, 100) # 在局部坐标系原点画一个矩形
```

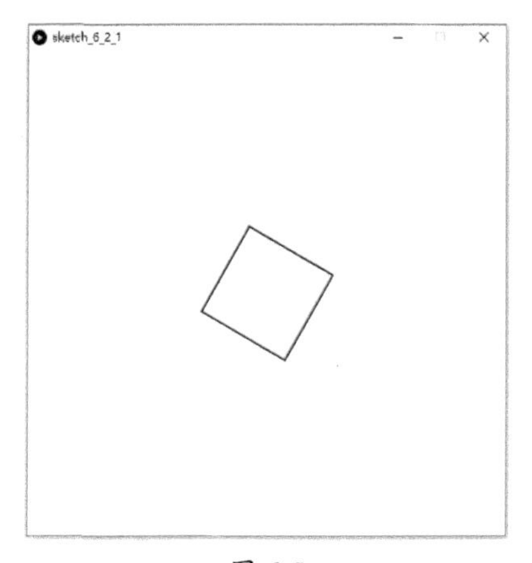

图 6-5

其中radians(30)为30度对应的弧度值，角度为正时顺时针方向旋转。进一步，利用frameCount，可以让小方块持续旋转：

sketch_6_2_2.pyde（其他代码同sketch_6_2_1.pyde）

```
11        rotate(radians(frameCount))  # 绕着坐标系原点旋转
```

6.3 方块缩放

函数scale(s)可以让其后绘制的图形缩放s倍。比如scale(2)表示变为原来大小的2倍，scale(0.1)表示变为原来大小的10%。

在上一节基础上添加第13行代码，即可以实现方块一边旋转、一边逐渐变大（如图6-6所示）：

sketch_6_3_1.pyde（其他代码同sketch_6_2_2.pyde）

```
13          scale(0.01*frameCount) # 自动放大
```

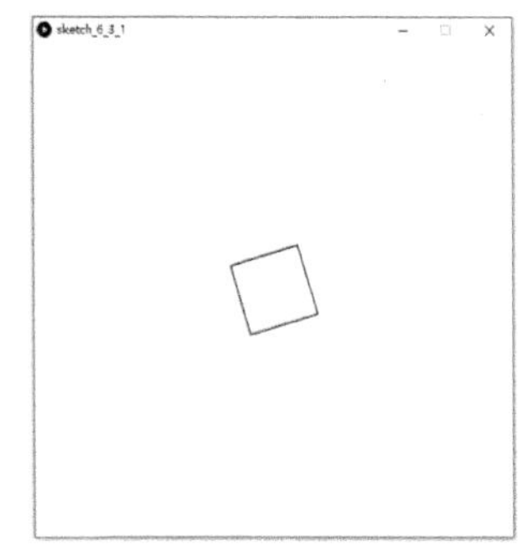
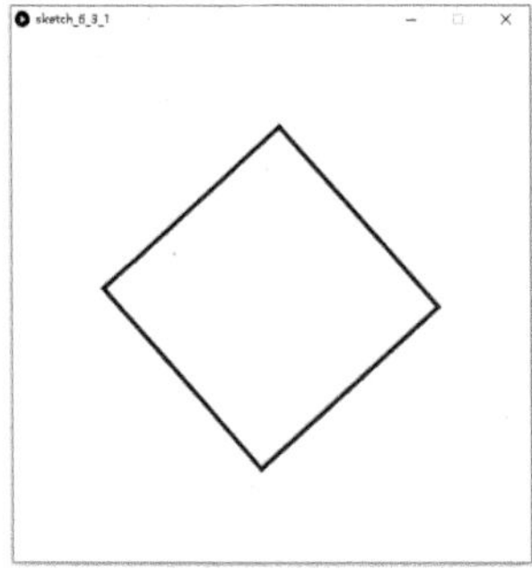

图 6-6

正弦函数sin(x)的值在[−1,1]之间周期性变化。设定最小缩放比例为0.5，最大缩放比例为2，map(sin(frameCount/30.0),-1,1,0.5,2)可以产生重复变化的缩放比例。如下代码即可以实现方块的循环放大、缩小。

sketch_6_3_2.pyde（其他代码同sketch_6_3_1.pyde）

```
13          # 当前缩放比例：利用正弦函数产生重复变化的数值
14          currentScale = map(sin(frameCount/30.0),-1,1,0.5,2)
15          scale(currentScale) # 自动缩放
```

提示 函数rotate(angle)实际上是把坐标系旋转了angle角度，使得之后绘制的图形也都产生了旋转的效果；函数scale(s)实际上是把坐标系放大了s倍，使得之后绘制的图形也都产生了缩放的效果。

6.4 绘制一行方块

通过设定方块的x坐标，利用for语句可以绘制出一行方块（如图6-7所示）：

sketch_6_4_1.pyde

```
1    def setup():
2        size(500, 500) # 设定画布大小
3        noFill()  # 不要填充颜色
4        strokeWeight(2)  # 制定边框线条粗细为2像素
5        stroke(50) # 设定线条颜色为淡灰色，0为纯黑、255为纯白
6
7    def draw():
8        background(255)   # 纯白背景
9        for x in range(100,401,30):  # 对x遍历
10           rectMode(CENTER)   # 矩形模式中心定位
11           square(x, height/2, 10) # 画一个矩形
```

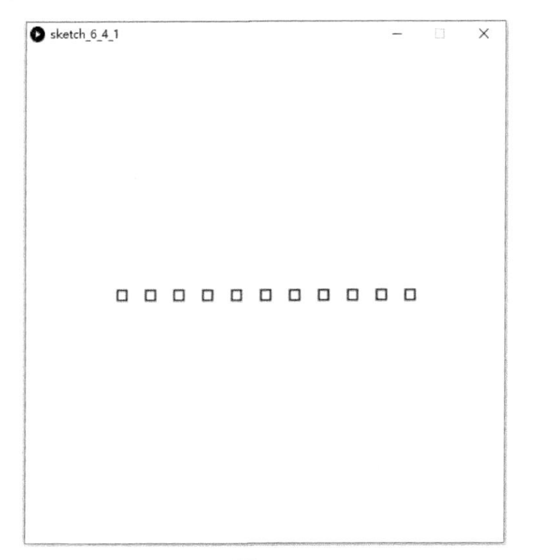

图 6-7

以下代码尝试用平移坐标系的方法：

sketch_6_4_2.pyde（其他代码同sketch_6_4_1.pyde）

```
9        for x in range(100,401,30):  # 对x遍历
10           rectMode(CENTER)   # 矩形模式中心定位
11           translate(x, height/2)  # 将坐标系原点移动到画面中心位置
12           square(0, 0, 10) # 在坐标系原点画一个矩形
```

绘制结果如图6-8所示。

for循环语句执行前，坐标系原点为(0, 0)。

for循环语句开始执行，首先x取100，执行translate(x, height/2)，坐标系原点变成了(100, height/2)，调用square(0, 0, 10)在此处绘制了一个方块。

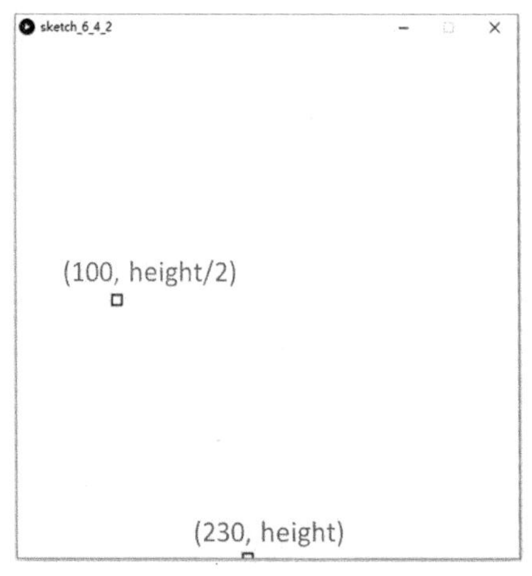

图 6-8

然后x取130，执行translate(x, height/2)，坐标系原点继续平移，变成了(230, height)，调用square(0, 0, 10)在此处绘制了一个方块。

x取160，执行translate(x, height/2)，坐标系原点继续平移，变成了(390, 1.5 × height)，超出窗口范围，之后绘制的方块不可见。

为了解决这一问题，我们可以使用pushMatrix()、popMatrix()函数：

sketch_6_4_3.pyde（其他代码同sketch_6_4_2.pyde）

```
9       for x in range(100,401,30):  # 对x遍历
10          rectMode(CENTER)   # 矩形模式中心定位
11          pushMatrix() # 保存之前的坐标系
12          translate(x, height/2)  # 将坐标系原点移动到画面中心位置
13          square(0, 0, 10) # 在坐标系原点画一个矩形
14          popMatrix()  # 恢复到之前保存的坐标系
```

x取100时，第11行代码pushMatrix()首先保存之前未做处理的坐标，即坐标系原点为(0, 0)的坐标系。

执行translate(x, height/2)，坐标系原点变成了(100, height/2)，调用square(0, 0, 10)在此处绘制了一个方块。

第14行代码popMatrix()恢复到之前保存的坐标系，即坐标系原点为(0, 0)的坐标系。

x取130时，第11行代码pushMatrix()首先保存之前的坐标，即坐标系原点为(0, 0)的坐标系。

执行translate(x, height/2)，坐标系原点变成了(130, height/2)，调用square(0, 0, 10)在此处绘制了一个方块。

第14行代码popMatrix()恢复到之前保存的坐标系，即坐标系原点为(0, 0)

的坐标系。

如此迭代下去，即可以绘制出图6-9所示的效果。

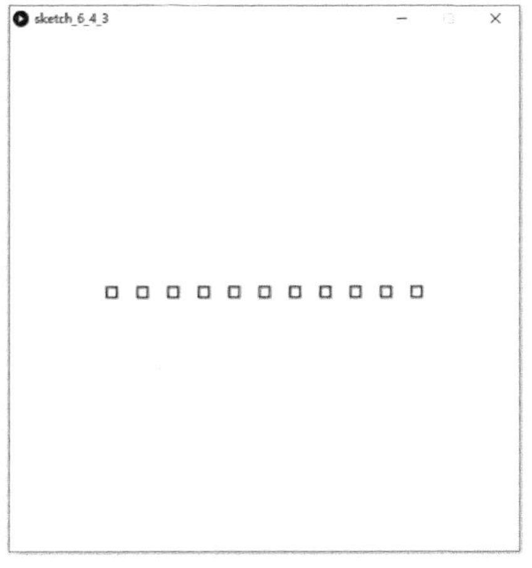

图 6-9

提示 translate()、rotate()、scale()函数均是通过对坐标系的变换以实现平移、旋转、缩放的效果，也都可以利用PushMatrix()、PopMatrix()处理变换前后的坐标系。

6.5 绘制方块阵列

for循环语句也可以嵌套，读者可以输入以下代码并运行：

sketch_6_5_1.pyde

```
1  for i in range(2):
2      for j in range(3):
3          print(i,j)
```

其中i取值范围为0、1，j取值范围为0、1、2。print(i,j)在一行同时输出i、j变量的值。输出结果为：

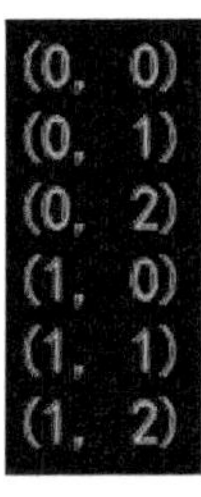

代码中有两重的for循环语句，首先对于外层循环，i初始等于0，内层循环j的取值范围从0到2，因此首先输出三行：

```
(0, 0)
(0, 1)
(0, 2)
```

当内层循环j遍历结束后，回到外层i循环。i取值变为1，j取值范围从0到3，继续输出：

```
(1, 0)
(1, 1)
(1, 2)
```

内层循环j遍历结束后，回到外层i循环，i也遍历结束，这时整个循环语句运行结束。

提示 当出现循环嵌套时，内层循环相当于外层循环内的一条语句，需要在上一层循环语句基础上向右缩进一级。

练习6-1：尝试修改sketch_6_5_1.pyde，实现三层循环的嵌套，输出如下效果：

```
(0, 0, 0)
(0, 0, 1)
(0, 1, 0)
(0, 1, 1)
(0, 2, 0)
(0, 2, 1)
(1, 0, 0)
(1, 1, 0)
(1, 1, 1)
(1, 2, 0)
(1, 2, 1)
```

利用循环嵌套，通过设置方块的中心坐标的方法，可以绘制出方块阵列（如图6-10所示）：

sketch_6_5_2.pyde（其他代码同sketch_6_4_1.pyde）

```
9        for x in range(100,401,30):  # 对x遍历
10           for y in range(100,401,30):  # 对y遍历
11               rectMode(CENTER)    # 矩形模式中心定位
12               square(x, y, 10) # 画一个矩形
```

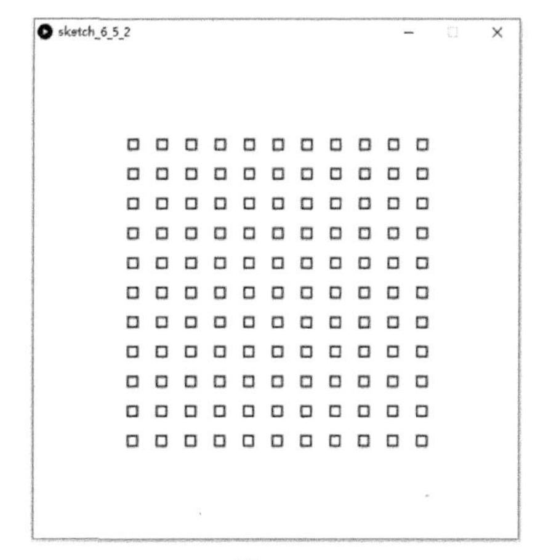

图 6-10

利用循环嵌套，通过变换坐标系的方法，也可以绘制出方块阵列：

sketch_6_5_3.pyde（其他代码同sketch_6_4_3.pyde）

```
 9        for x in range(100,401,30):  # 对x遍历
10            for y in range(100,401,30):  # 对y遍历
11                rectMode(CENTER)   # 矩形模式中心定位
12                pushMatrix() # 保存之前的坐标系
13                translate(x, y)  # 移动坐标系原点
14                square(0, 0, 10) # 在坐标系原点画一个矩形
15                popMatrix()  # 恢复到之前保存的坐标系
```

练习6-2：利用循环嵌套，绘制出图6-11的效果。

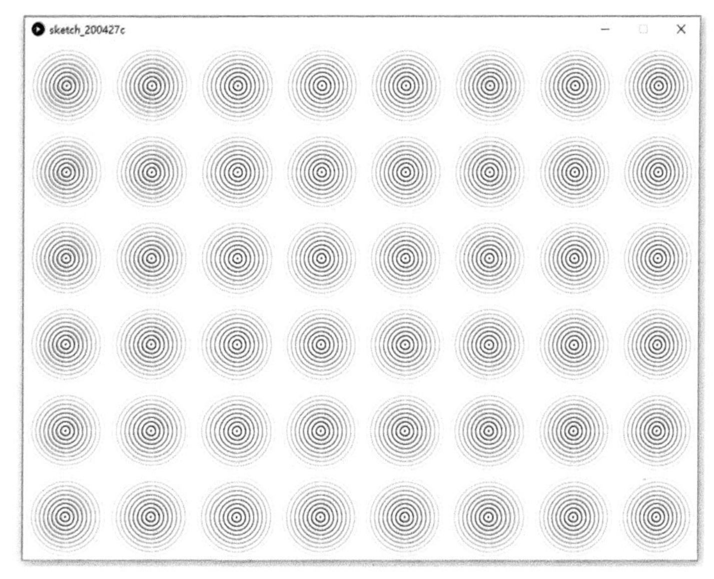

图 6-11

6.6　方块阵列旋转缩放

输入以下代码，可以实现方块阵列同时旋转与缩放（如图6-12所示）：

sketch_6_6_1.pyde

```
1    def setup():
2        size(500, 500) # 设定画布大小
3        noFill()  # 不要填充颜色
4        strokeWeight(0.5)  # 制定边框线条粗细
5        stroke(50) # 设定线条颜色为淡灰色，0为纯黑、255为纯白
6
7    def draw():
8        background(255)   # 纯白背景
9        for x in range(100,401,30):  # 对x遍历
10           for y in range(100,401,30):  # 对y遍历
11               rectMode(CENTER)   # 矩形模式中心定位
12               pushMatrix() # 保存之前的坐标系
13               translate(x, y)  # 移动坐标系原点
14               rotate(radians(frameCount)) # 绕着坐标系原点旋转
15               # 当前缩放比例
16               currentScale = map(sin(frameCount/30.0),-1,1,0.5,4)
17               scale(currentScale) # 缩放
18               square(0, 0, 10) # 在坐标系原点画一个矩形
19               popMatrix()  # 恢复到之前保存的坐标系
```

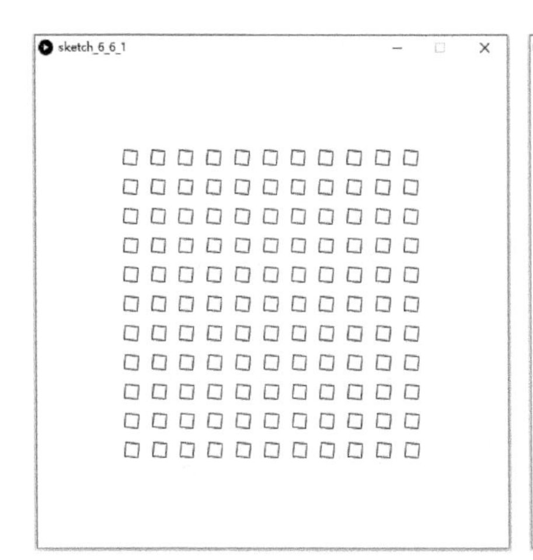

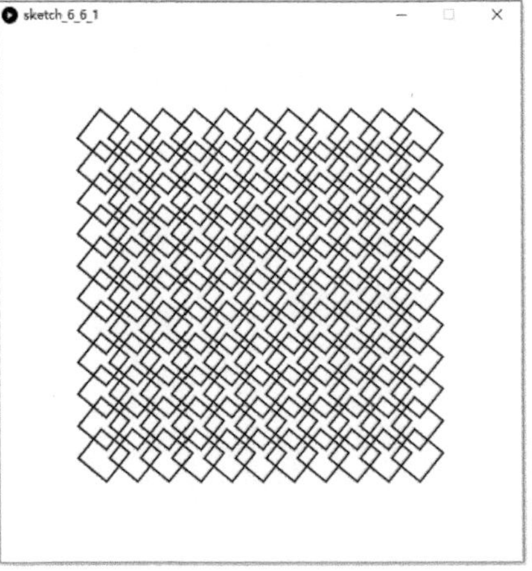

图 6-12

为了实现非均匀的动画效果，修改代码如下：

sketch_6_6_2.pyde（其他代码同sketch_6_6_1.pyde）

```
16               currentScale = map(sin((frameCount+(x-y))/60.0),-1,1,0,4)
```

当x等于y时，sin((frameCount+(x-y))/60.0)的取值一样，因此可以实现波浪斜向传播的效果，如图6-13所示。

图 6-13

scale()函数会影响方块线条的粗细，以下代码直接修改方块边长，从而可以实现不同大小方块同样粗细线条的效果（如图6-14所示）：

sketch_6_6_3.pyde

```
1   def setup():
2       size(500, 500) # 设定画布大小
3       noFill()  # 不要填充颜色
4       strokeWeight(2)  # 制定边框线条粗细
5       stroke(50) # 设定线条颜色为淡灰色，0为纯黑、255为纯白
6
7   def draw():
8       background(255)   # 纯白背景
9       speed = radians(frameCount)
10      for x in range(100,401,30):  # 对x遍历
11          for y in range(100,401,30):  # 对y遍历
12              rectMode(CENTER)   # 矩形模式中心定位
13              pushMatrix() # 保存之前的坐标系
14              translate(x, y)  # 将坐标系原点移动到画面中心位置
15              rotate(speed) # 绕着坐标系原点旋转
16              # 当前缩放比例
17              currentScale = map(sin(speed-x*49-y*2),-1,1,-35,35)
18              square(0, 0, 10*currentScale) # 在坐标系原点画一个矩形
19              popMatrix()  # 恢复到之前保存的坐标系
```

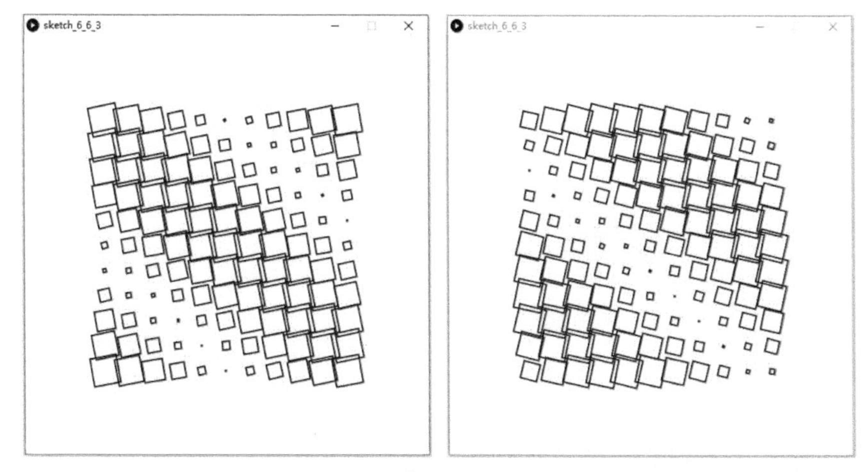

图 6-14

6.7　文字表情包

输入并运行以下代码：

sketch_6_7_1.pyde

```
1    print("haha 哈哈")
```

在控制台输出：

```
haha å□□å□□
```

print() 函数可以正常输出英文字符串，但是中文字符串输出为乱码。修改代码如下：

sketch_6_7_2.pyde

```
1    print(u"haha 哈哈")
```

运行后正常输出：

```
haha 哈哈
```

添加的“u”代表Unicode编码。Unicode编码不仅适用于英文和中文，而且是支持全球几乎所有文字的统一编码。

为了在绘图窗口中显示文字，可以使用text() 函数：

sketch_6_7_3.pyde

```
1    size(300,100)  # 设置画布尺寸
2    fill(100)      # 设置填充颜色
3    textSize(50)   # 设置字体大小
4    text("hello world", 10, 70) # 在对应位置输出字符串
```

其中textSize(50)设置字体大小为50，数值越大、字体越大。text("hello world", 10, 70)在窗口的(10,70)处显示出字符串“hello world”，如图6-15所示。

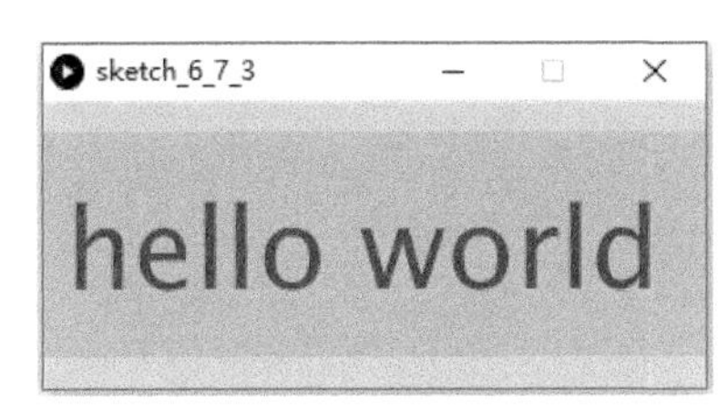

图 6-15

为了能在窗口中输出中文字符（如图6-16所示），可以采用如下形式：

sketch_6_7_4.pyde

```
1    size(300,100)  # 设置画布尺寸
2    fill(50)      # 设置填充颜色
3    myFont=createFont("simsun.ttc",50) # 导入字体文件，字体大小为50
4    textFont(myFont) # 设置文字字体
5    textAlign(CENTER) # 坐标设为字符串中心
6    text(u"世界你好", width/2, height/2) # 在对应位置输出字符串
```

图 6-16

simsun.ttc为中文宋体的字体文件，myFont=createFont("simsun.ttc",50)导入并创建字体大小为50的宋体字体；textFont(myFont)设置以下要输出的文字字体为myFont；text(u"世界你好", width/2, height/2)在窗口的(width/2, height/2)处显示unicode编码的字符串“世界你好”；textAlign(CENTER)函数和rectMode(CENTER)功能类似，表示text()函数设置其中心位置的坐标。

将上一节中的小方块替换为文字，以下代码可以生成各种文字的表情包（如图6-17所示）：

sketch_6_7_5.pyde

```
1   def setup():
2       size(500, 500) # 设定画布大小
3       fill(50)      # 设置填充颜色
4       myFont=createFont("simsun.ttc",10) # 导入字体文件，字体大小为10
5       textFont(myFont) # 设置文字字体
6
7   def draw():
8       background(255)   # 纯白背景
9       for x in range(100,401,30):  # 对x遍历
10          for y in range(100,401,30):  # 对y遍历
11              pushMatrix() # 保存之前的坐标系
12              translate(x, y)  # 将坐标系原点移动到画面中心位置
13              rotate(radians(frameCount)) # 绕着坐标系原点旋转
14              # 当前缩放比例
15              currentScale = map(sin((frameCount+(x-y))/30.0),-1,1,0,4)
16              scale(currentScale) # 自动缩放
17              textAlign(CENTER) # 坐标设为字符串中心
18              text(u"哈", 0, 0) # 在坐标系原点显示文字
19              popMatrix()  # 恢复到之前保存的坐标系
```

图 6-17

6.8　小结

这一章主要讲解了循环嵌套的语法知识，介绍了方块的绘制、坐标系的变换、中文字符串的处理。利用这些知识点，实现了旋转的方块。读者也可以尝试用圆、圆弧、直线等元素或元素组合，修改元素的宽度、高度、位置、旋转、明暗等参数，实现更多有趣的效果。

第 7 章 随机扭动的曲线

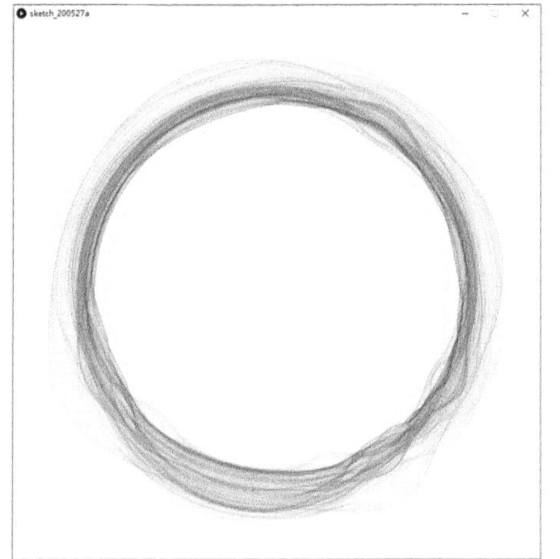

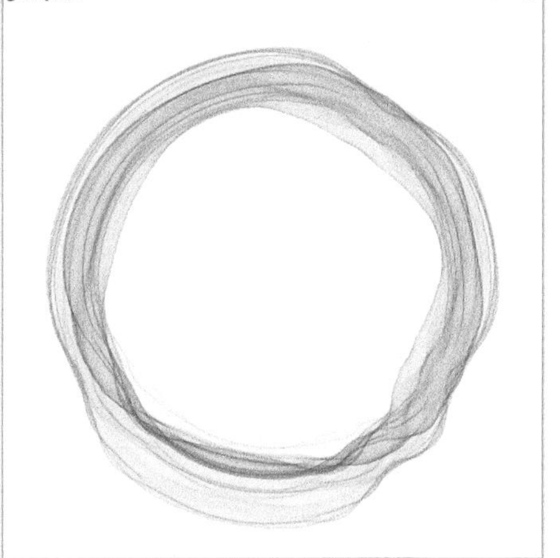

图 7-1

本章我们将实现随机扭动的曲线，如图 7-1 所示。首先绘制圆圈上的一些采样点，并学习 random、noise 两种随机函数；接着学习曲线的绘制，解决首尾不连续的问题；最后绘制彩色曲线，并添加清屏与保存图片的功能。

本章案例最终代码一共 33 行，代码参看“配套资源\第 7 章\sketch_7_8_1\sketch_7_8_1.pyde”，视频效果参看“配套资源\第 7 章\随机扭动的曲线.mp4”。

7.1 圆圈上的点

输入并运行以下代码，可以绘制出圆圈上的一些采样点（如图 7-2 所示）：

sketch_7_1_1.pyde

```
1   def setup():
2       size(500, 500) # 设定画布大小
3       noFill()  # 不要填充颜色
4       strokeWeight(2)  # 制定边框线条粗细为2像素
5       stroke(0) # 设定线条颜色为淡灰色，0为纯黑、255为纯白
6
7   def draw():
8       background(255)   # 纯白背景
9       radius = 200 # 大圆圈的半径
10      translate(width/2, height/2) # 移动坐标系原点到画面中心
11      for angle in range(0,360,10):  # 对一圈角度遍历
12          radAngle = radians(angle)   # 转换为弧度值
13          x = radius*cos(radAngle) # 这一角度对应的x坐标
14          y = radius*sin(radAngle) # 这一角度对应的y坐标
15          circle(x,y,3) # 对应位置绘制一个圆圈
```

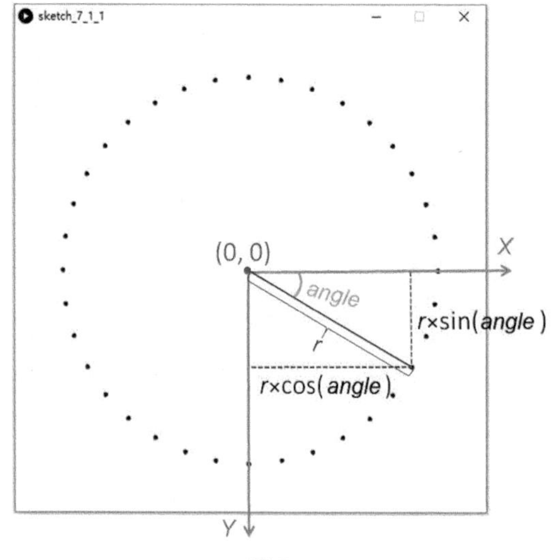

图 7-2

translate(width/2, height/2) 将坐标系原点移动到画面中心。for循环语句中，角度angle从0度到360度遍历，radAngle为对应的弧度值角度，radius为大圆圈半径，(radius*cos(radAngle), radius*sin(radAngle))即为对应角度在圆周上的点。

练习7-1：编写代码绘制正多边形，鼠标移动时多边形的边数逐渐增加，即从三角形逐渐逼近圆形，如图7-3所示。

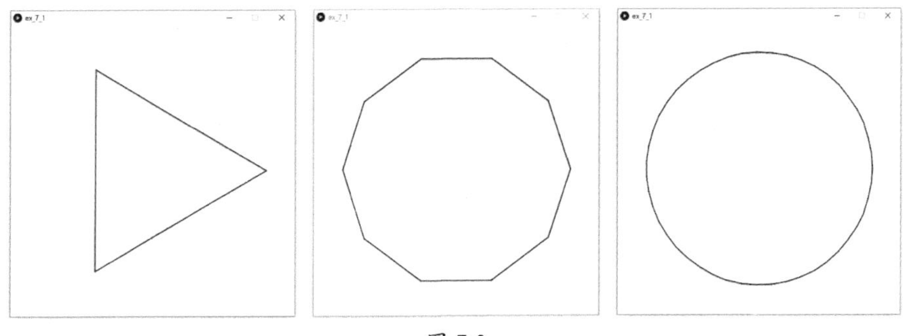

图 7-3

7.2 random 随机函数

输入并运行以下代码：

sketch_7_2_1.pyde

```
1  for i in range(10):
2      r = random(5)
3      print(r)
```

输出结果类似：

```
2.5930621624
0.771473348141
3.37304258347
1.82577157021
0.132206976414
2.37273263931
3.27095413208
0.48580467701
3.63746190071
4.11368370056
```

其中函数random(5)生成一个[0,5)之间的随机小数，for循环语句每次运行时，输出的结果都可能不同。

random()也可以设定随机数的最大、最小取值范围，比如random(-5,10)

生成[−5,10)之间的随机小数。

利用类型转换函数，以下代码可以生成[10,20)之间的随机整数：

sketch_7_2_2.pyde

```
1   for i in range(5):
2       r = int(random(10,20))
3       print(r)
```

输出结果类似：

```
14
11
13
19
10
```

修改sketch_7_1_1.pyde，为圆圈上的采样点添加random()随机函数，可以实现更加多变的效果（如图7-4所示）：

sketch_7_2_3.pyde（其他代码同sketch_7_1_1.pyde）

```
13          x = radius*cos(radAngle)+ random(-10,10) #角度对应的x坐标
14          y = radius*sin(radAngle)+ random(-10,10) #角度对应的y坐标
```

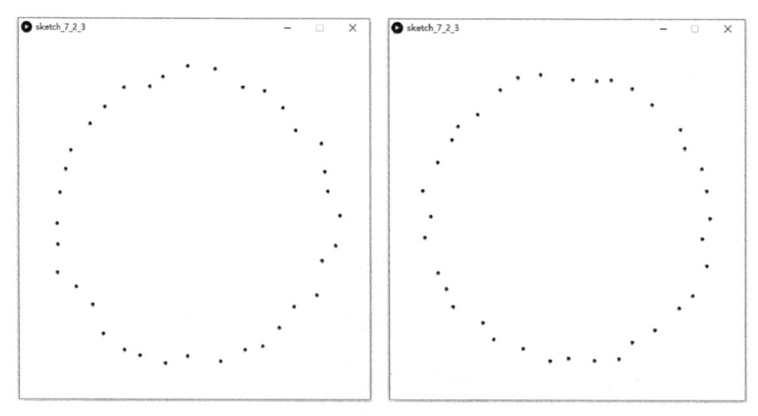

图 7-4

7.3　noise 随机函数

上一节利用random()随机绘制的图形，前后帧之间没有连续性，是不连续的随机。为了能够模拟自然界中云朵、风、水流、火焰等有一定连续性的随机效果，这一节我们学习基于柏林噪声（Perlin noise）的noise()函数。输入

并运行以下代码：

sketch_7_3_1.pyde

```
1  for i in range(5):
2      r = noise(i)
3      print(r)
```

noise()函数可以输出[0,1]之间的随机数，输出结果类似：

```
0.218373671174
0.539799153805
0.510047018528
0.274670958519
0.64270234108
```

修改代码如下：

sketch_7_3_2.pyde

```
1  for i in range(5):
2      r = noise(0)
3      print(r)
```

运行后noise(0)均为同样的值：

```
0.188436686993
0.188436686993
0.188436686993
0.188436686993
0.188436686993
```

noise()函数相当于预先设定好了一个数据曲线，对应的取值可由括号内的数字参数x所决定，如图7-5所示。

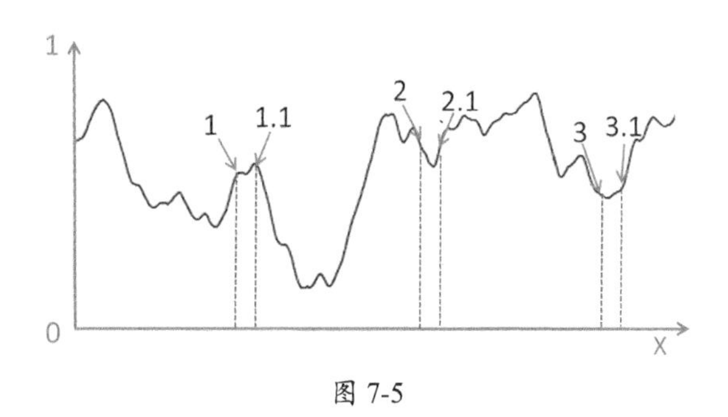

图 7-5

当参数x取值间隔较大，比如取1和2时，noise(x)对应的变化范围也较大，此时也就较接近random()函数的效果；当参数x取值间隔较小，比如取1和1.1时，noise(x)对应的变化则被限制在较小的范围内。

读者可以运行以下代码，并左右移动鼠标指针，控制noise()参数取值的间隔：

sketch_7_3_3.pyde

```
1   def setup():
2       size(600,300)
3
4   def draw():
5       background(255)
6       magn = map(mouseX,0,width,0,1)
7       for x1 in range(width):
8           y1 = noise(x1*magn)*height
9           x2 = x1+1
10          y2 = noise(x2*magn)*height
11          line(x1,y1,x2,y2)
```

for循环语句中，x1从0、1、2一直增加到width−1。在每次循环中计算y1、x2、y2的值，并画出连接(x1,y1)、(x2,y2)的直线。

map()函数将鼠标水平位置从[0,width]映射到[0,1]，并赋值给magn变量。y1和y2对应noise()函数的参数值正好相差magn，因此magn值越小，绘制出的曲线越平滑；magn值越大，绘制出的曲线越不平滑。如图7-6所示。

图7-6中的magn值从0.001逐渐增加到1，noise()函数生成的噪声曲线从非常平滑的状态逐渐变得非常粗糙。相较于random()函数，noise()函数使用更灵活、功能更强大。

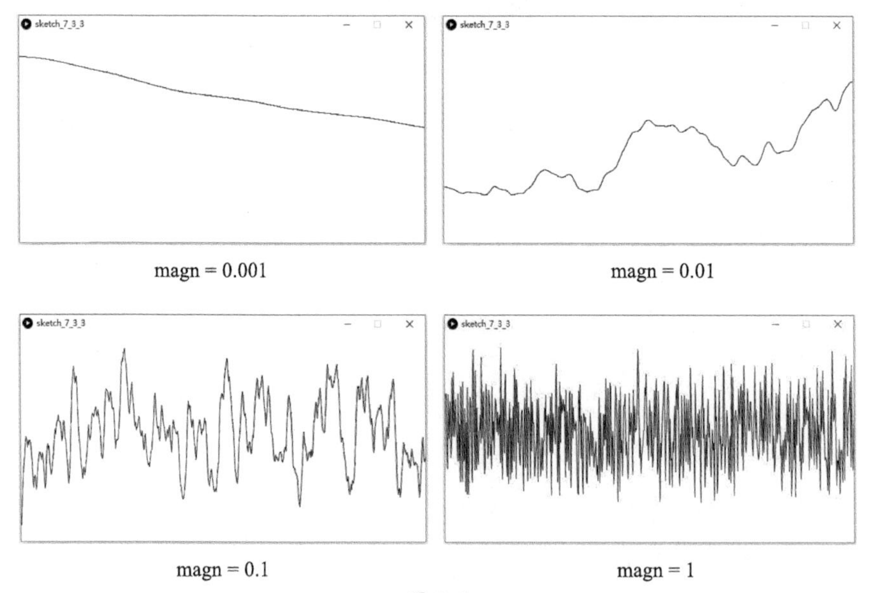

图 7-6

7.4 连续变化的随机点

将noise(frameCount*0.01)函数应用于圆圈的半径，即可以实现随着帧数增加，半径连续随机变化的效果。

sketch_7_4_1.pyde（其他代码同sketch_7_2_3.pyde）

```
13            radius = map(noise(frameCount*0.01),0,1,100,300) # 随机半径
14            x = radius*cos(radAngle) # 这一角度对应的x坐标
15            y = radius*sin(radAngle) # 这一角度对应的y坐标
```

map(noise(frameCount*0.01),0,1,100,300)表示将noise()函数的值从[0,1]映射到[100,300]，并赋值给变量radius。读者也可以尝试修改代码，让半径变化得更缓慢或更剧烈。

noise()函数还可以受两个参数的影响，写成noise(x,y)的形式。可以理解为三维空间中的一个曲面，如图7-7所示，对于*XY*平面上一点(x,y)，曲面对应点的高度值即为noise(x,y)。与7.3节中的说明类似，当两组参数(x1,y1)与(x2,y2)更接近时，noise()函数的取值也更接近。

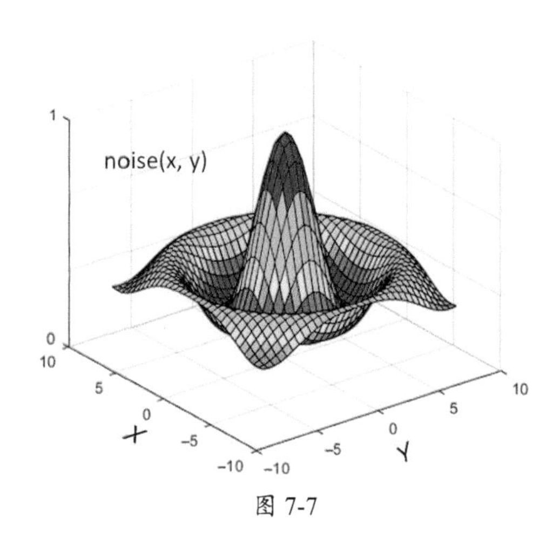

图 7-7

二维噪声函数noise(radAngle*0.1,frameCount*0.01)同时受角度radAngle、帧数frameCount影响。在产生随机的同时可以保证相近角度、相邻帧的半径较接近，也即实现了空间、时间一定连续性的随机，如图7-8所示。

sketch_7_4_2.pyde（其他代码同sketch_7_4_1.pyde）

```
11     for angle in range(0,360,10):  # 对一圈角度遍历
12         radAngle = radians(angle)   # 转换为弧度值
13         # 利用二维噪声函数生成随机半径
14         radius = map(noise(radAngle*0.1,frameCount*0.01) \
```

```
15                   ,0,1,100,300)
16          x = radius*cos(radAngle) # 这一角度对应的x坐标
17          y = radius*sin(radAngle) # 这一角度对应的y坐标
18          circle(x, y, 3) # 对应位置绘制一个圆圈
```

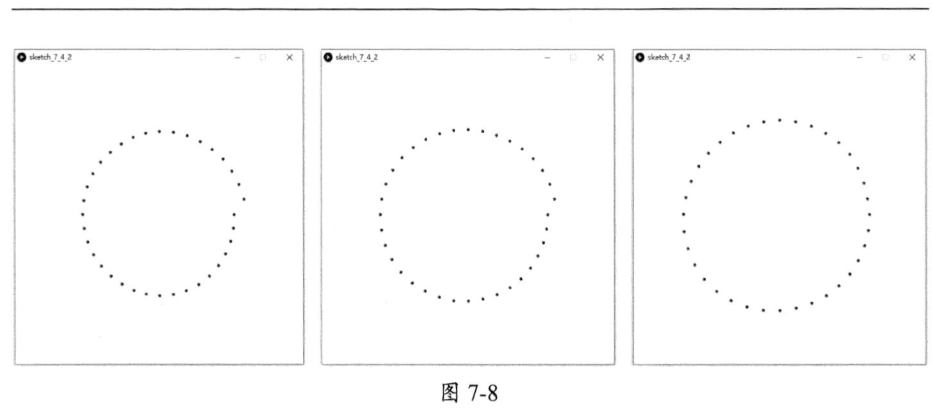

图 7-8

提示　当代码过长时，可以分成多行，每行后面加一个反斜杠“\”，系统就会自动把这些代码连起来运行。

7.5　将点连接成曲线

以下代码将圆圈上的采样点连接成曲线：

sketch_7_5_1.pyde（其他代码同 sketch_7_4_2.pyde）

```
11      beginShape() # 开始绘制曲线
12      for angle in range(0,360,10):  # 对一圈角度遍历
13          radAngle = radians(angle)   # 转换为弧度值
14          # 利用二维噪声函数生成随机半径
15          radius = map(noise(radAngle*0.1,frameCount*0.01) \
16                   ,0,1,100,300)
17          x = radius*cos(radAngle) # 这一角度对应的x坐标
18          y = radius*sin(radAngle) # 这一角度对应的y坐标
19          curveVertex(x,y) # 添加对应顶点
20      endShape(CLOSE) # 结束封闭曲线的绘制
```

beginShape() 函数表示开始绘制曲线，for 循环中通过 curveVertex(x,y) 添加多个顶点，endShape(CLOSE) 函数表示结束封闭曲线的绘制，效果如图 7-9 所示。

函数 stroke(gray, alpha) 可以设定绘制线条的亮度与透明度。gray=0 表示黑色，gray=255 表示白色；alpha=0 表示完全透明，alpha=255 表示完全不透明。

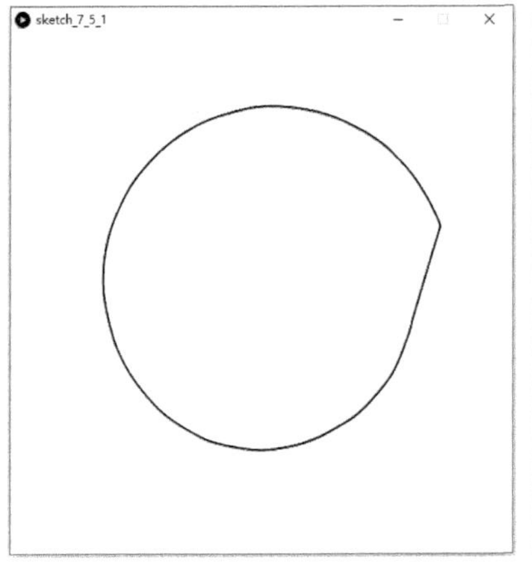

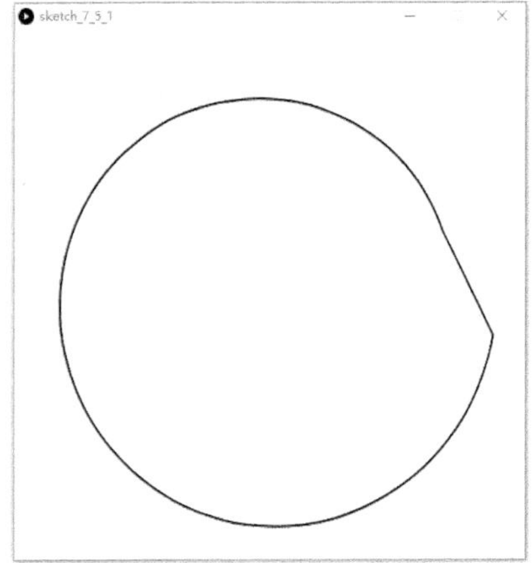

图 7-9

利用stroke(0,15)设定为黑色半透明线条，将background(255)移到setup()函数中，可以实现多根线条的累加绘制效果（如图7-10所示）：

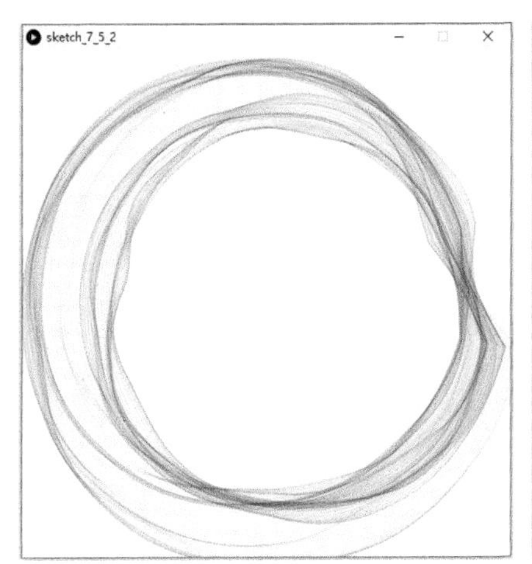

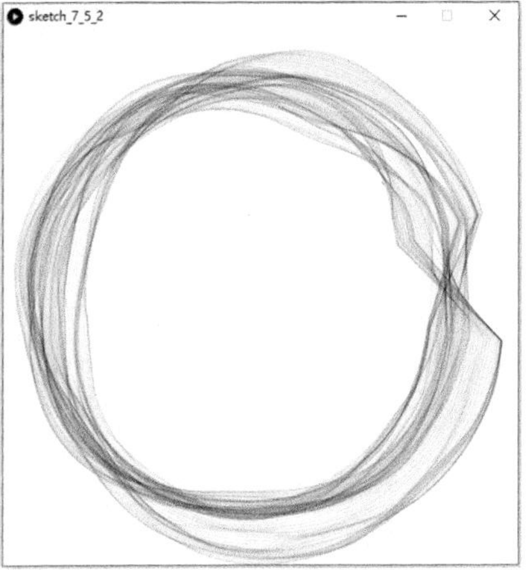

图 7-10

sketch_7_5_2.pyde

```
1   def setup():
2       size(500, 500) # 设定画布大小
3       noFill()  # 不要填充颜色
4       stroke(0,15) # 设定线条颜色为黑色，半透明
5       background(255)   # 纯白背景
6       frameRate(30)  # 设置帧率
7
8   def draw():
9       translate(width/2, height/2) # 移动坐标系原点到画面中心
10      beginShape() # 开始绘制曲线
```

```
11          for angle in range(0,360,10):  # 对一圈角度遍历
12              radAngle = radians(angle)   # 转换为弧度值
13              # 利用二维噪声函数生成随机半径
14              radius = map(noise(radAngle*0.3,frameCount*0.02) \
15                          ,0,1,100,300)
16              x = radius*cos(radAngle) # 这一角度对应的x坐标
17              y = radius*sin(radAngle) # 这一角度对应的y坐标
18              curveVertex(x, y) # 添加对应顶点
19          endShape(CLOSE) # 结束封闭曲线的绘制
```

7.6　处理首尾不连续的问题

sketch_7_5_2.pyde中的for循环对角度遍历，由于0度和350度数值差别较大，noise(radAngle*0.3,frameCount*0.02)的值区别较大，两个角度对应的radius也会差异较大，图7-10中曲线会出现明显的首尾不连续现象。

为了解决这一问题，我们可以利用正弦、余弦等三角函数的周期性。由于sin(0)和sin(2 × PI)的值相等、cos(0)和cos(2 × PI)的值相等，因此由sin()、cos()组合而成的函数会避免首尾不连续的问题。

修改代码如下，运行效果如图7-11所示。

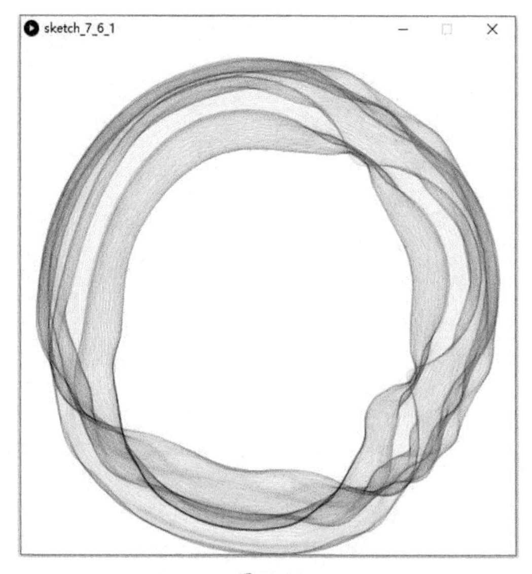

图 7-11

sketch_7_6_1.pyde（其他代码同sketch_7_5_2.pyde）

```
8   def draw():
9       translate(width/2, height/2) # 移动坐标系原点到画面中心
```

```
10        beginShape() # 开始绘制曲线
11        for angle in range(0,360,2):  # 对一圈角度遍历
12            radAngle = radians(angle)   # 转换为弧度值
13            # 利用三角函数生成周期性的数据，避免曲线首尾不连续的问题
14            noiseID = sin(radAngle) - cos(radAngle) \
15                      + 2*sin(radAngle)*sin(radAngle)
16            # 利用二维噪声函数生成随机半径
17            radius = map(noise(noiseID*0.3,frameCount*0.01) \
18                        ,0,1,100,300)
19            x = radius*cos(radAngle) # 这一角度对应的x坐标
20            y = radius*sin(radAngle) # 这一角度对应的y坐标
21            curveVertex(x, y) # 添加对应顶点
22        endShape(CLOSE) # 结束封闭曲线的绘制
```

7.7 彩色曲线效果

输入并运行以下代码，得到一个如图7-12所示的红色背景窗口。

sketch_7_7_1.pyde

```
1   size(400, 300)
2   background(255,0,0)
```

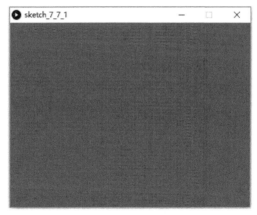

图 7-12

根据三原色原理，任何色彩可由红（r)、绿（g)、蓝（b）三种基本颜色混合而成，如图7-13所示。

对于(r,g,b)中的任一颜色分量，规定0为最暗，255最亮，则可得到下列的绘制语句：

```
background(0, 0, 0)         # 黑色背景
background(255, 255, 255)   # 白色背景
background(150, 150, 150)   # 灰色背景
```

```
background(255, 0, 0)        # 红色背景
background(120, 0, 0)        # 暗红色背景
background(0, 255, 0)        # 绿色背景
background(0, 0, 255)        # 蓝色背景
background(255, 255, 0)      # 黄色背景
```

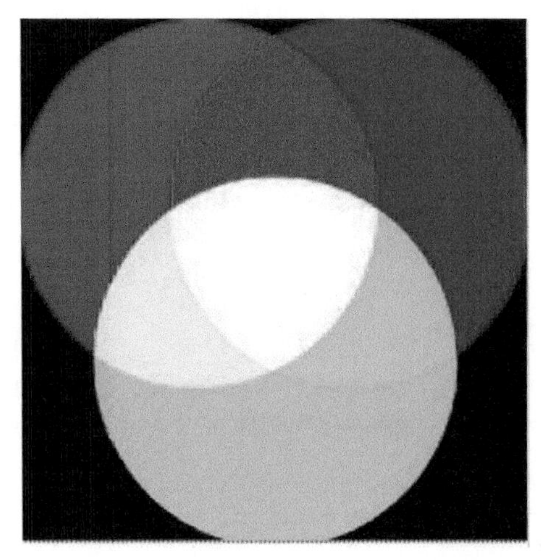

图 7-13

除了background(r,g,b)设置背景颜色外，也可以利用fill(r,g,b)设置填充颜色、stroke(r,g,b)设置线条颜色。

以下代码绘制出颜色渐变的圆形图案（如图7-14所示）：

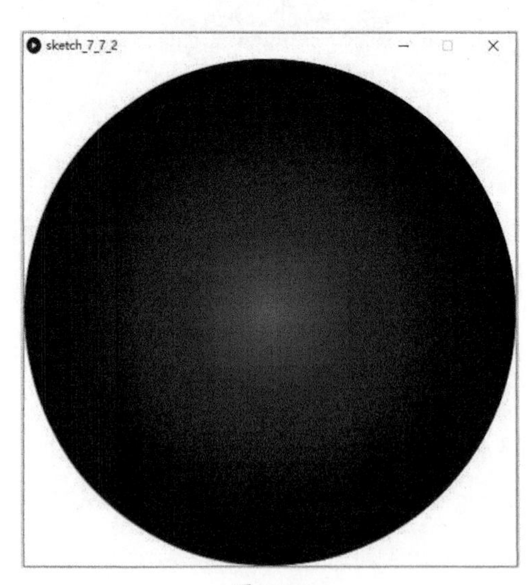

图 7-14

sketch_7_7_2.pyde

```
1    size(500, 500)
2    background(255)
3    noStroke()
4    for diameter in range(width,0,-1):
5        r = map(diameter,0,width,255,0)
6        fill(r,0,0)
7        circle(width/2,height/2,diameter)
```

以下代码绘制出随机颜色线条的同心圆（如图7-15所示）：

sketch_7_7_3.pyde

```
1    size(500, 500)
2    background(255)
3    noFill()
4    strokeWeight(3)
5    for diameter in range(width,0,-20):
6        r = random(0,255)
7        g = random(0,255)
8        b = random(0,255)
9        stroke(r,g,b)
10       circle(width/2,height/2,diameter)
```

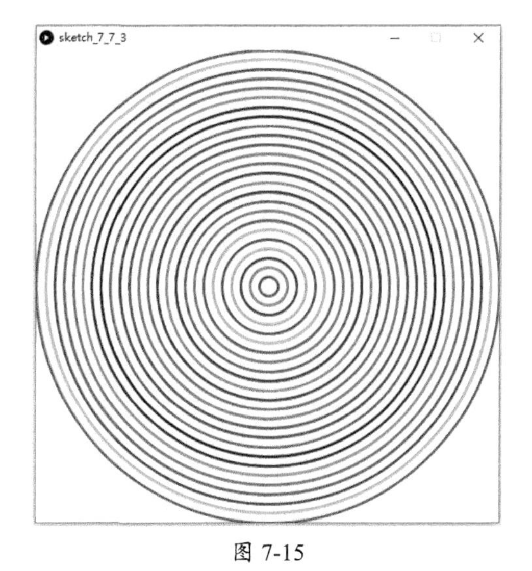

图 7-15

另外，可以采取stroke(r,g,b,alpha)的形式，设定绘制线条的颜色和透明度。利用正弦函数的周期性，可以实现颜色随着帧数增加的周期性变化，在sketch_7_6_1.pyde基础上添加4行代码：

sketch_7_7_4.pyde（其他代码同 sketch_7_6_1.pyde）

```
10        r = map(sin(frameCount/200.0),-1,1,100,255) # 随机红色分量
11        g = map(sin(frameCount/300.0),-1,1,0,255)   # 随机绿色分量
12        b = map(sin(frameCount/400.0),-1,1,100,255) # 随机蓝色分量
13        stroke(r,g,b,15) # 设置线条颜色、透明度
```

绘制的彩色线条效果如图 7-16 所示。

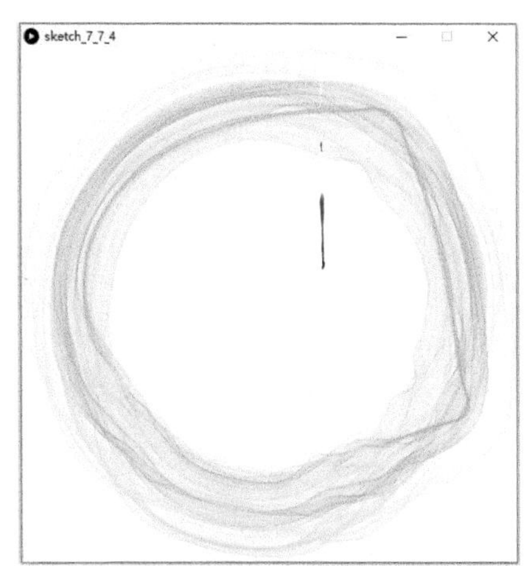

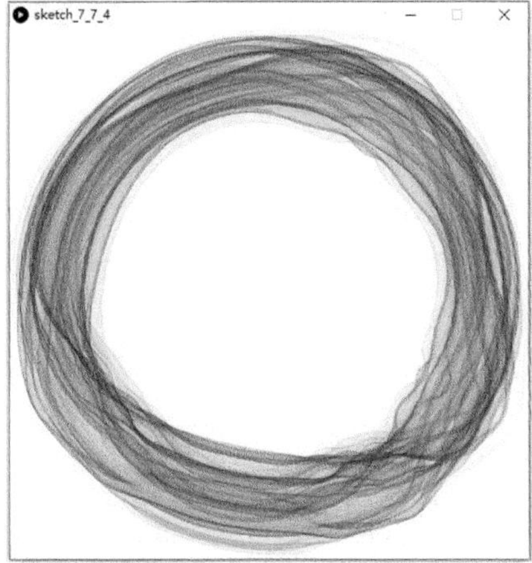

图 7-16

练习 7-2：尝试绘制图 7-17 所示的随机彩色线条效果。

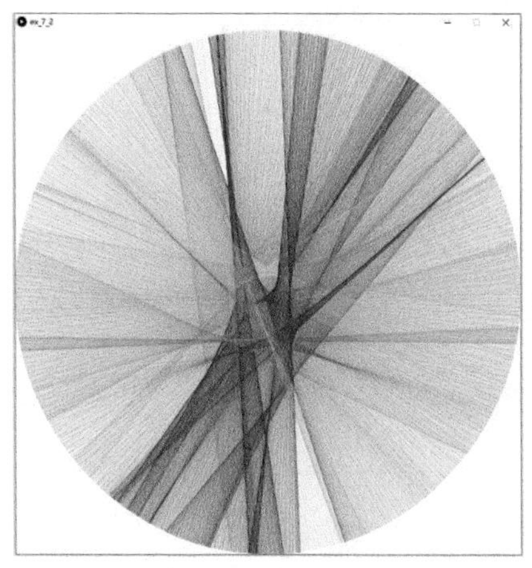

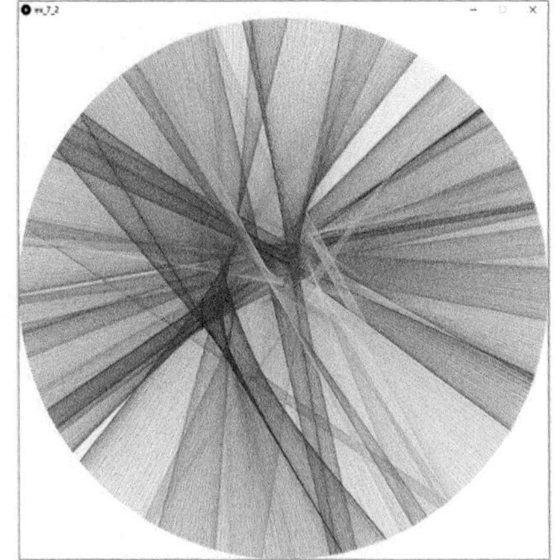

图 7-17

7.8 清屏与保存图片

参考sketch_5_2_2.pyde的方法，当鼠标按键时，用白色背景清空画布：

```
def mousePressed(): # 当鼠标按键时
    background(255) # 用白色重新填充背景
```

另外，添加代码saveFrame("RandomLines-######.png")保存当前画面。如果是第1234帧时保存，则保存的图片文件名为：RandomLines-001234.png。

也可以在draw()函数开始处添加代码，实现每过800帧，自动保存图片并清空画面。完整代码如下：

sketch_7_8_1.pyde

```
1   def setup():
2       size(800, 800) # 设定画布大小
3       noFill()  # 不要填充颜色
4       background(255)   # 纯白背景
5       frameRate(30)  # 设置帧率
6   
7   def draw():
8       if frameCount%800 == 0: # 每过若干帧
9          saveFrame("RandomLines-######.png") # 保存一张图片
10         background(255) # 用白色重新填充背景
11  
12      translate(width/2, height/2) # 移动坐标系原点到画面中心
13      r = map(sin(frameCount/200.0),-1,1,100,255) # 随机红色分量
14      g = map(sin(frameCount/300.0),-1,1,0,255)   # 随机绿色分量
15      b = map(sin(frameCount/400.0),-1,1,100,255) # 随机蓝色分量
16      stroke(r,g,b,15) # 设置线条颜色、透明度
17      beginShape() # 开始绘制曲线
18      for angle in range(0,360,2):  # 对一圈角度遍历
19          radAngle = radians(angle)   # 转换为弧度值
20          # 利用三角函数生成周期性的数据，避免曲线首尾不连续的问题
21          noiseID = sin(radAngle) - cos(radAngle) \
22                    + 2*sin(radAngle)*sin(radAngle)
23          # 利用二维噪声函数生成随机半径
24          radius = map(noise(noiseID*0.3,frameCount*0.01) \
25                       ,0,1,200,400)
26          x = radius*cos(radAngle) # 这一角度对应的x坐标
27          y = radius*sin(radAngle) # 这一角度对应的y坐标
28          curveVertex(x,y) # 添加对应顶点
29      endShape(CLOSE) # 结束封闭曲线的绘制
30  
31  def mousePressed(): # 当鼠标按键时
32      saveFrame("RandomLines-######.png") # 保存一张图片
33      background(255) # 用白色重新填充背景
```

部分绘制图片如图7-18所示。

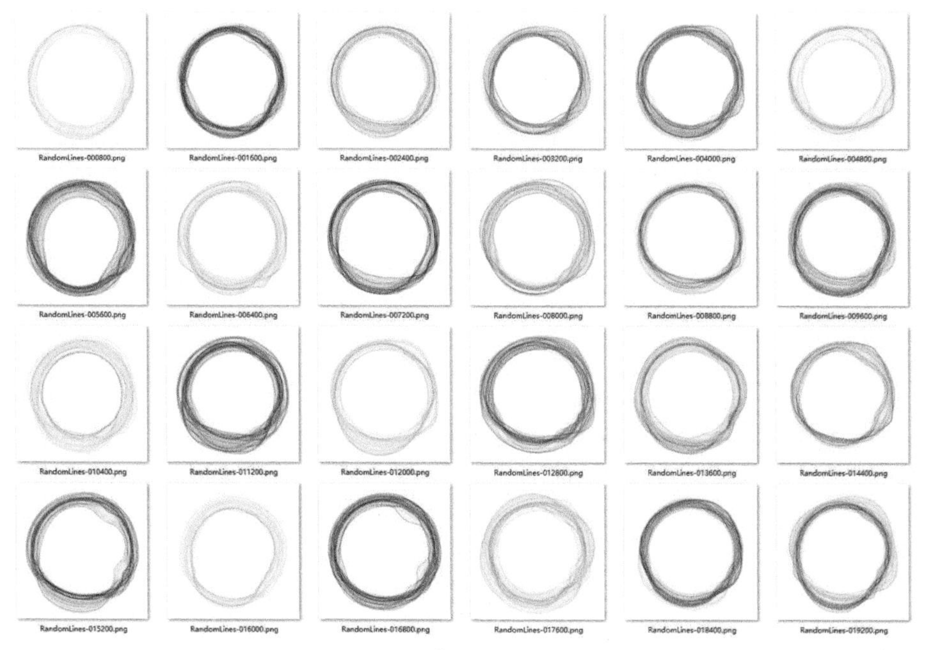

图 7-18

7.9　小结

这一章主要讲解了随机函数、RGB 颜色模型、曲线绘制的知识，实现了随机扭动的曲线。读者也可以应用随机函数和颜色模型，尝试绘制其他绚丽多彩的图形。

第 8 章 随风飘动的粒子

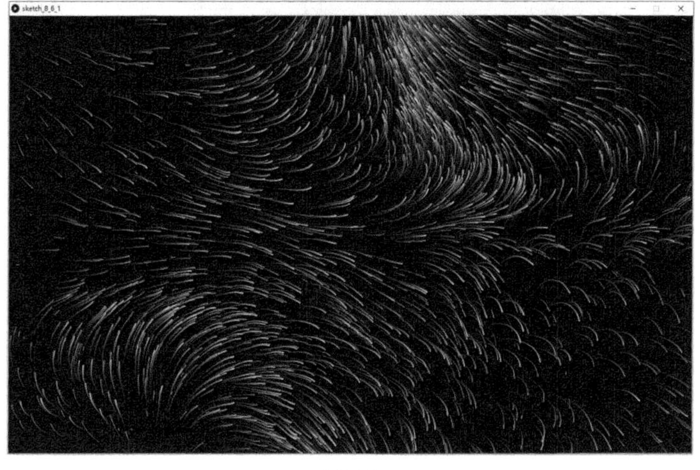

图 8-1

本章我们将实现随风飘动的粒子，如图 8-1 所示。首先绘制逐渐消失的轨迹，实现随机运动的圆点；然后引入列表的概念，利用列表实现多个运动粒子；最后实现随机速度场，并为粒子添加彩色效果。

本章案例最终代码一共38行，代码参看“配套资源\第8章\sketch_8_6_2\sketch_8_6_2.pyde”，视频效果参看“配套资源\第8章\随风飘动的粒子.mp4”。

8.1　逐渐消失的轨迹

输入并运行以下代码，在黑色背景中心显示一个白色的小圆点（如图8-2所示）：

sketch_8_1_1.pyde

```
1   def setup():
2       global x,y # 全局变量
3       size(800, 600) # 设定画布大小
4       noStroke()  # 不绘制线条
5       x = width/2  # 设置圆心x坐标
6       y = height/2 # 设置圆心y坐标
7       background(0)  # 设置黑色背景
8
9   def draw():
10      diameter = 10   # 直径大小
11      circle(x, y, diameter) # 画一个圆
```

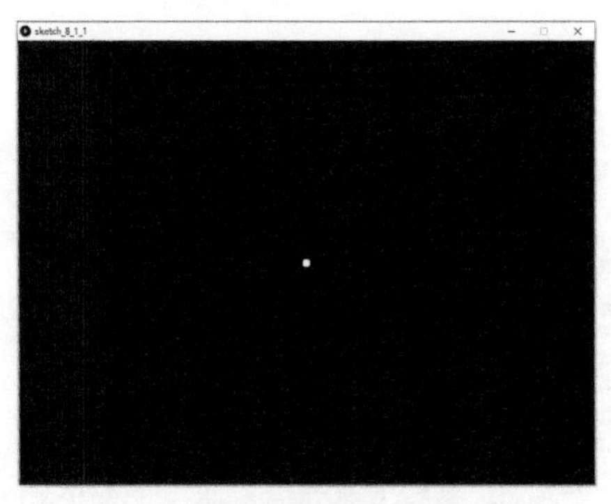

图 8-2

然后可以让这个圆点移动（如图8-3所示）：

sketch_8_1_2.pyde（其他代码同sketch_8_1_1.pyde）

```
9   def draw():
10      global x,y  # 全局变量
11      diameter = 10 # 直径大小
12      x = x+1 # 圆心x坐标变化
```

```
13        y = y+2 # 圆心y坐标变化
14        circle(x, y, diameter) # 画一个圆
```

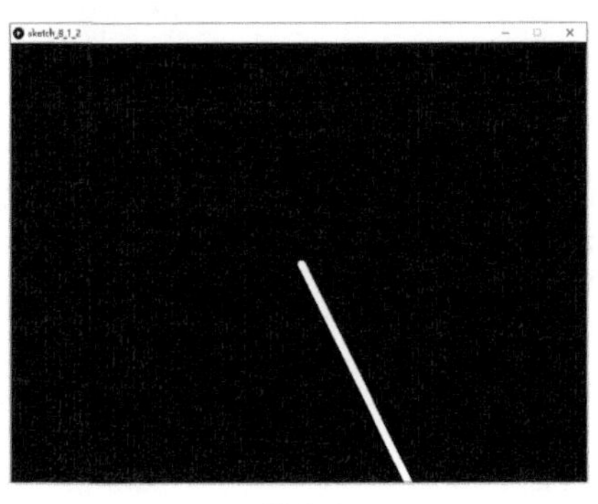

图 8-3

为了实现逐渐消失的轨迹效果，修改代码如下：

sketch_8_1_3.pyde（其他代码同sketch_8_1_2.pyde）

```
9    def draw():
10       global x,y  # 全局变量
11       fill(0, 10) # 设置填充色为黑色，透明度为10
12       rect(0, 0, width, height) # 绘制一个半透明的大矩形
13       fill(255) # 设置填充色为白色，用于下面绘制小圆点
14       diameter = 10   # 直径大小
15       x = x+1 # 圆心x坐标变化
16       y = y+2 # 圆心y坐标变化
17       circle(x, y, diameter) # 画一个圆
```

首先fill(0, 10)设置填充颜色为黑色、透明度为10，rect(0, 0, width, height)在每帧绘制一个覆盖整个画面的矩形。然后fill(255)设置填充色为白色（默认为完全不透明），并绘制一个移动的白色小圆点。如此不断绘制半透明的黑色矩形，即可以实现小球运动轨迹逐渐变暗消失的效果，如图8-4所示。

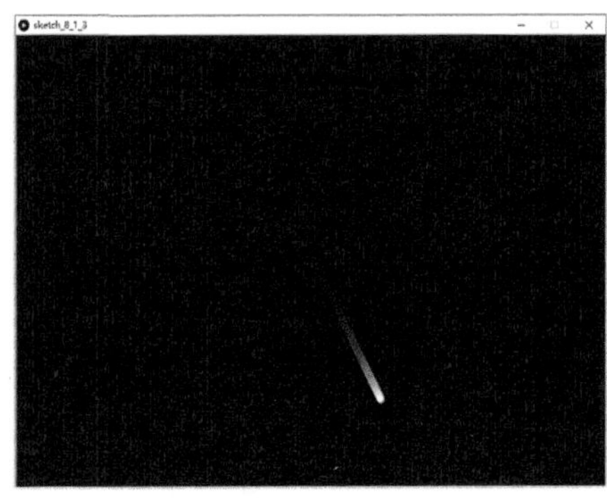

图 8-4

8.2　随机运动的圆点

为了更方便控制圆点的运动，首先添加变量vx、vy记录其x、y方向的速度，每帧圆点的x、y坐标根据vx、vy更新：

sketch_8_2_1.pyde

```
1   def setup():
2       global x,y,vx,vy # 全局变量
3       size(800, 600) # 设定画布大小
4       noStroke()  # 不绘制线条
5       x = width/2  # 设置圆心x坐标
6       y = height/2 # 设置圆心y坐标
7       vx = 3 # 圆点x方向速度
8       vy = 2 # 圆点y方向速度
9
10  def draw():
11      global x,y,vx,vy  # 全局变量
12      fill(0, 10) # 设置填充色为黑色，透明度为10
13      rect(0, 0, width, height) # 绘制一个半透明的大矩形
14      fill(255) # 设置填充色为白色，用于下面绘制小圆点
15      diameter = 10   # 直径大小
16      x = x+vx # 圆心x坐标变化
17      y = y+vy # 圆心y坐标变化
18      circle(x, y, diameter) # 画一个圆点
```

进一步，我们可以利用random()函数初始化圆点的随机位置。当圆点碰到边界后，再从随机位置出现：

sketch_8_2_2.pyde

```
1   def setup():
2       global x,y,vx,vy # 全局变量
3       size(800, 600) # 设定画布大小
4       noStroke()  # 不绘制线条
5       x = random(0,width)  # 设置圆心x坐标
6       y = random(0,height) # 设置圆心y坐标
7       vx = 3 # 圆点x方向速度
8       vy = 2 # 圆点y方向速度
9
10  def draw():
11      global x,y,vx,vy  # 全局变量
12      fill(0, 10) # 设置填充色为黑色，透明度为10
13      rect(0, 0, width, height) # 绘制一个半透明的大矩形
14      fill(255) # 设置填充色为白色，用于下面绘制小圆点
15      diameter = 10   # 直径大小
16      x = x+vx # 圆心x坐标变化
17      y = y+vy # 圆心y坐标变化
18      if x<0 or x>width or y<0 or y>height: # 碰到边界后随机出现
19          x = random(0,width)  # 设置圆心x坐标
```

```
20            y = random(0,height) # 设置圆心y坐标
21        circle(x, y, diameter) # 画一个圆点
```

进一步在draw()函数中为速度添加随机扰动，从而实现圆点的随机运动：

sketch_8_2_3.pyde（其他代码同sketch_8_2_2.pyde）

```
16        vx = vx + random(-0.1,0.1) # 为速度添加随机扰动
17        vy = vy + random(-0.1,0.1)
18        x = x+vx # 圆心x坐标变化
19        y = y+vy # 圆心y坐标变化
```

如此即可以实现圆点非规则的运动轨迹效果，如图8-5所示。

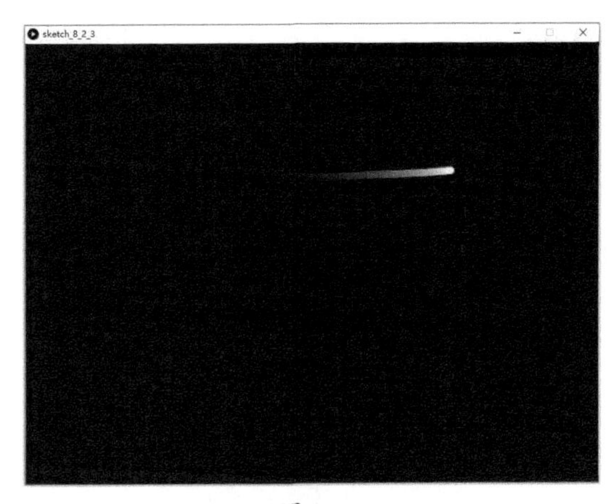

图 8-5

然而随着速度上随机扰动的累积，有可能会变得过快或过慢。为了解决这一问题，我们可以保持速度的大小v_mag不变，仅修改速度的方向v_angle，从而实现更自然的随机运动：

sketch_8_2_4.pyde

```
1    def setup():
2        global x,y,vx,vy,v_mag,v_angle # 全局变量
3        size(800, 600) # 设定画布大小
4        noStroke()  # 不绘制线条
5        x = random(0,width)  # 设置圆心x坐标
6        y = random(0,height) # 设置圆心y坐标
7        v_mag = 2  # 速度大小
8        v_angle = PI/6 # 速度的方向
9        vx = v_mag*cos(v_angle) # x方向速度
10       vy = v_mag*sin(v_angle) # y方向速度
11
12   def draw():
13       global x,y,vx,vy,v_mag,v_angle  # 全局变量
14       fill(0, 10) # 设置填充色为黑色，透明度为10
```

```
15         rect(0, 0, width, height) # 绘制一个半透明的大矩形
16         fill(255) # 设置填充色为白色，用于下面绘制小圆点
17         diameter = 10 # 直径大小
18         v_angle = v_angle + random(-0.1,0.1) # 速度方向添加随机扰动
19         vx = v_mag*cos(v_angle) # x方向速度
20         vy = v_mag*sin(v_angle) # y方向速度
21         x = x+vx # 圆心x坐标变化
22         y = y+vy # 圆心y坐标变化
23         if x<0 or x>width or y<0 or y>height: # 碰到边界后随机出现
24             x = random(0,width)  # 设置圆心x坐标
25             y = random(0,height) # 设置圆心y坐标
26         circle(x, y, diameter) # 画一个圆点
```

8.3 列表的概念

为了实现多个随机运动的圆点，本节我们学习列表的概念，读者可以输入并运行：

sketch_8_3_1.pyde

```
1   xlist = [1, 2, 3, 4, 5]
2   print(xlist)
```

在控制台输出：

```
[1, 2, 3, 4, 5]
```

列表变量是由多个元素构成的一个序列，元素写在中括号“[]”之间，以逗号“,”分隔。sketch_8_3_1.pyde中的xlist就是列表，它存储了5个数字。print (xlist)输出了列表中所有元素的内容。

我们也可以通过下标来访问列表中某一个元素的值：

sketch_8_3_2.pyde

```
1   xlist = [1, 2, 3, 4, 5]
2   x = xlist[0]
3   print(x)
4   y = xlist[4]
5   print(y)
```

运行代码输出：

```
1
5
```

xlist[0]表示访问列表xlist的第0个元素，由于列表元素下标都从0开始，

因此输出1。xlist [4]表示访问列表xlist的第4个元素，也就是最后一个元素，因此输出5。

练习8-1：尝试用for循环语句输出sketch_8_3_2.pyde中xlist的所有元素，输出：

```
1
2
3
4
5
```

列表除了整体初始化外，也可以逐步把数据添加到列表中。

sketch_8_3_3.pyde

```
1   xlist = []
2   for i in range(1,11):
3       xlist.append(i)
4   print(xlist)
```

xlist = []将xlist初始化为空列表。循环语句中i的取值范围为1到10，xlist.append(i)表示把括号中的元素i添加到列表xlist的末尾。程序输出：

```
[1, 2, 3, 4, 5, 6, 7, 8, 9, 10]
```

练习8-2：尝试用append函数添加列表元素，列表输出为：

```
[0, 2, 4, 6, 8, 10, 12, 14, 16, 18, 20]
```

通过下标的形式，不仅可以访问列表的元素，也可以修改元素的值：

sketch_8_3_4.pyde

```
1   xlist = [1, 2, 3, 4, 5]
2   for i in range(5):
3       xlist[i] = 3*xlist[i]
4   print(xlist)
```

以上代码将列表所有元素变成初始值的三倍后输出：

```
[3, 6, 9, 12, 15]
```

当不确定列表的元素个数时，可以用以下形式输出所有列表元素：

sketch_8_3_5.pyde

```
1   xlist = [1, 9, 3, 7, 5]
2   for x in xlist:
```

```
3        print(x)
```

其中for x in xlist表示x遍历列表xlist的所有元素，然后执行循环体中的print(x)函数，输出结果为：

```
1
9
3
7
5
```

也可以通过len()函数得到列表的长度（len为length的缩写，表示长度），即列表有几个元素：

sketch_8_3_6.pyde

```
1    xlist = [1, 9, 3, 7, 5]
2    print(len(xlist))
```

输出：

```
5
```

利用len()函数，可以通过如下的方式来遍历列表的所有元素：

sketch_8_3_7.pyde

```
1    xlist = [2, 4, 6, 8, 10]
2    for i in range(len(xlist)):
3        print(i,xlist[i])
```

输出：

```
(0, 2)
(1, 4)
(2, 6)
(3, 8)
(4, 10)
```

前面数字是元素序号i，后面是对应元素xlist[i]的值。

列表的元素除了可以是整数外，也可以是小数、字符串，或者不同数据类型的组合：

sketch_8_3_8.pyde

```
1    colors = ["red", "green", "blue"]
2    print(colors)
3    myList = [1, 3.14, "number"]
4    print(myList)
```

运行后输出：

```
['red', 'green', 'blue']
[1, 3.14, 'number']
```

列表的元素也可以是一个列表。比如要记录一个粒子（小圆点）的位置，可以定义列表记录他的x、y坐标，然后再把多个粒子的位置列表添加到一个总列表particles中。

sketch_8_3_9.pyde

```
1   particle1 = [2, 5]  # 粒子1的x，y坐标，也是一个列表
2   particle2 = [4, 3]  # 粒子2的x，y坐标，也是一个列表
3   particle3 = [6, 1]  # 粒子3的x，y坐标，也是一个列表
4   particles = []     # 空列表
5   # 将以上三个粒子的位置列表，添加到particles中
6   particles.append(particle1)
7   particles.append(particle2)
8   particles.append(particle3)
9   # 输出列表particles中存储的粒子元素的x，y坐标
10  for particle in particles:
11      print(particle)
```

输出：

```
[2, 5]
[4, 3]
[6, 1]
```

练习8-3：尝试用[x,y]形式的列表存储粒子的位置，随机生成500个粒子存储在列表particles中，并进行绘制，得到类似图8-6的效果：

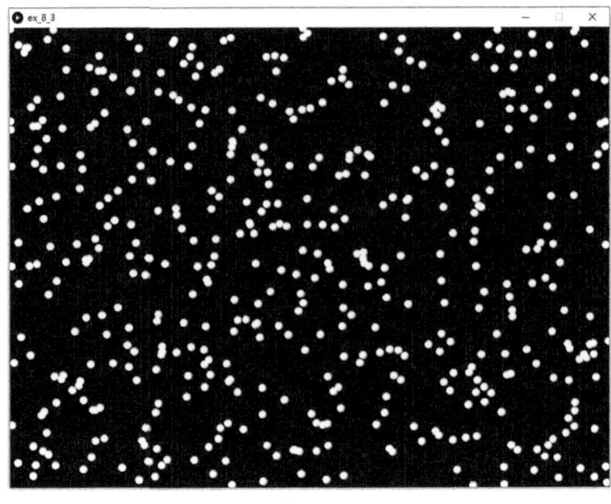

图 8-6

8.4　利用列表实现多个粒子

要完整记录一个粒子的信息，我们需要记录其x、y坐标，速度大小v_mag、速度方向v_angle。构建列表particle存储粒子的这些信息：particle = [x,y,v_mag,v_angle]，将代码sketch_8_2_4.pyde调整为：

sketch_8_4_1.pyde

```
1   def setup():
2       global particle # 全局变量
3       size(800, 600) # 设定画布大小
4       noStroke()  # 不绘制线条
5       x = random(0,width)  # 设置圆心x坐标
6       y = random(0,height) # 设置圆心y坐标
7       v_mag = random(1.0,2.0)  # 速度大小
8       v_angle = random(-2*PI,2*PI) # 速度方向
9       particle = [x,y,v_mag,v_angle] # 当前粒子
10
11  def draw():
12      global particle # 全局变量
13      fill(0, 10) # 设置填充色为黑色，透明度为10
14      rect(0, 0, width, height) # 绘制一个半透明的大矩形
15      fill(255) # 设置填充色为白色，用于下面绘制粒子
16      particle[3] = particle[3] + random(-0.1,0.1) # 速度方向随机扰动
17      vx = particle[2]*cos(particle[3]) # x方向速度
18      vy = particle[2]*sin(particle[3]) # y方向速度
19      particle[0] = particle[0] + vx # x坐标变化
20      particle[1] = particle[1] + vy # y坐标变化
21      # 粒子碰到边界后随机出现
22      if particle[0]<0 or particle[0]>width \
23            or particle[1]<0 or particle[1]>height:
24         particle[0] = random(0,width)  # 设置圆心x坐标
25         particle[1] = random(0,height) # 设置圆心y坐标
26      circle(particle[0], particle[1], 10) # 画一个直径为10的圆点
```

进一步，利用随机函数生成1000个粒子，并创建全局变量particles列表存储所有小球的信息。在draw()函数中，利用for循环语句，对列表particles中存储的每一个粒子进行速度、位置的更新与绘制（如图8-7所示）。

sketch_8_4_2.pyde

```
1   particles = [] # 存储所有粒子的全局变量，初始为空列表
2
3   def setup():
4       size(1280, 800) # 设定画布大小
5       noStroke()  # 不绘制线条
6       for i in range(1000): # 生成1000个粒子
7           x = random(0,width)  # 设置圆心x坐标
8           y = random(0,height) # 设置圆心y坐标
```

```
9            v_mag = random(1.0,2.0)  # 速度大小
10           v_angle = random(-2*PI,2*PI) # 速度方向
11           particle = [x,y,v_mag,v_angle] # 当前粒子
12           particles.append(particle) # 把粒子添加到particles中
13
14   def draw():
15       fill(0, 10) # 设置填充色为黑色，透明度为10
16       rect(0, 0, width, height) # 绘制一个半透明的大矩形
17       fill(255) # 设置填充色为白色，用于下面绘制粒子
18       for particle in particles:
19           particle[3] = particle[3] + random(-0.1,0.1) #速度方向随机扰动
20           vx = particle[2]*cos(particle[3]) # x方向速度
21           vy = particle[2]*sin(particle[3]) # y方向速度
22           particle[0] = particle[0] + vx # x坐标变化
23           particle[1] = particle[1] + vy # y坐标变化
24           # 粒子碰到边界后随机出现
25           if particle[0]<0 or particle[0]>width \
26                   or particle[1]<0 or particle[1]>height:
27              particle[0] = random(0,width)  # 设置圆心x坐标
28              particle[1] = random(0,height) # 设置圆心y坐标
29           circle(particle[0], particle[1], 2) # 画一个直径为2的圆点
```

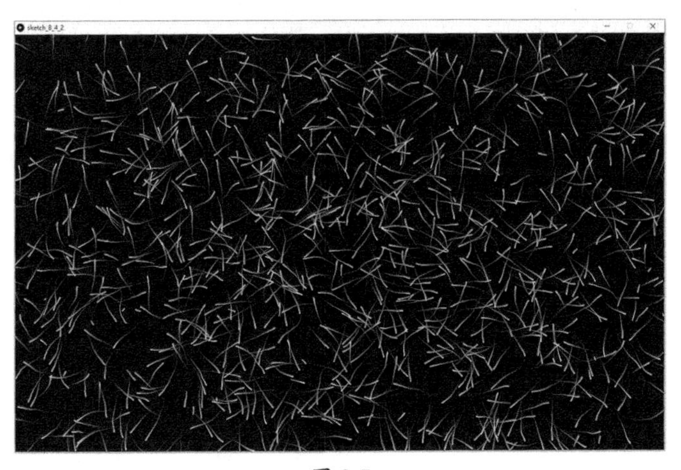

图 8-7

提示 函数外运行的particles = []说明particles为全局变量，对于列表全局变量，函数内部无需使用global语句，即可直接修改其元素的值。

8.5 随机速度场

为了能让粒子的随机运动有一定的规律性，这一节利用noise()函数的三

维形式：noiseValue = noise(0.001*x, 10+0.001*y, 0.005*frameCount)。这样对于相邻帧接近的两个位置(x1,y1)与(x2,y2)，对应noiseValue的值也较接近。

进一步，利用map()函数把noiseValue从[0,1]映射到[−2 × PI,2 × PI]，即设置了粒子运动的随机方向，效果如图8-8所示。

sketch_8_5_1.pyde（其他代码同sketch_8_4_2.pyde）

```
19          noiseValue = noise(0.001*particle[0],10+0.001*particle[1] \
20                       ,frameCount*0.005)
21          particle[3] = map(noiseValue,0,1,-2*PI,2*PI) #速度方向随机扰动
```

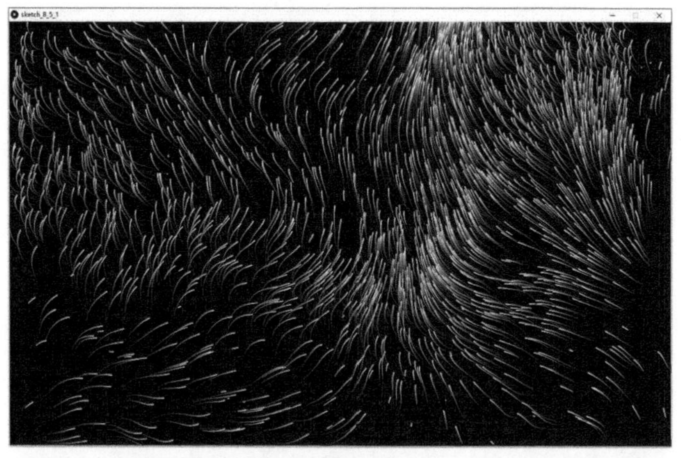

图 8-8

练习8-4：将sketch_8_5_1.pyde中的随机方向场用均匀分布的小直线段绘制出来，线段的角度即为对应采样点的方向，如图8-9所示。

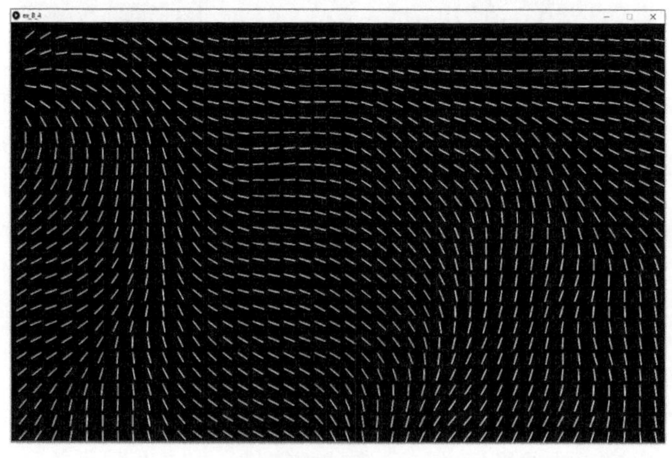

图 8-9

8.6 彩色效果

在初始化时，可以为粒子添加随机颜色：

```
c = color(random(100,255),random(100,255),random(100,255))
particle = [x,y,v_mag,v_angle,c] # 当前粒子
```

其中c = color(r,g,b)生成三原色形式的颜色变量，用于记录对应的颜色信息。

在绘制时，可以先设置填充颜色，再绘制粒子：

```
fill(particle[4])
circle(particle[0], particle[1], 2) # 画一个直径为2的圆点
```

完整代码可参考配套资源中的sketch_8_6_1.pyde，实现效果如图8-10所示。

图 8-10

进一步，利用sketch_7_7_4.pyde中的方法，生成更加规律的随机颜色（如图8-11所示）：

sketch_8_6_2.pyde

```
1    particles = [] # 存储所有粒子的全局变量，初始为空列表
2
3    def setup():
4        size(1280, 800) # 设定画布大小
5        noStroke()  # 不绘制线条
6        for i in range(2000): # 生成2000个粒子
7            x = random(0,width)  # 设置圆心x坐标
8            y = random(0,height) # 设置圆心y坐标
9            v_mag = random(1.0,2.0)  # 速度绝对值大小
10           v_angle = random(-2*PI,2*PI) # 速度的方向
11           c = color(random(100,255),random(100,255),random(100,255))
12           particle = [x,y,v_mag,v_angle,c] # 当前粒子
```

```
13            particles.append(particle) # 把粒子添加到particles中
14
15    def draw():
16        fill(0, 10) # 设置填充色为黑色，透明度为10
17        rect(0, 0, width, height) # 绘制一个半透明的大矩形
18        fill(255) # 设置填充色为白色，用于下面绘制粒子
19        for particle in particles:
20            noiseValue = noise(0.001*particle[0],10+0.001*particle[1] \
21                                                  ,frameCount*0.005)
22            particle[3] = map(noiseValue,0,1,-2*PI,2*PI) #速度方向随机扰动
23            vx = particle[2]*cos(particle[3]) # x方向速度
24            vy = particle[2]*sin(particle[3]) # y方向速度
25            particle[0] = particle[0] + vx # x坐标变化
26            particle[1] = particle[1] + vy # y坐标变化
27            # 粒子碰到边界后随机出现
28            if particle[0]<0 or particle[0]>width \
29                    or particle[1]<0 or particle[1]>height:
30                particle[0] = random(0,width)  # 设置圆心x坐标
31                particle[1] = random(0,height) # 设置圆心y坐标
32                r = map(sin(frameCount/75.0),-1,1,50,255) # 随机红色分量
33                g = map(sin(frameCount/101.0),-1,1,75,255)  # 随机绿色分量
34                b = map(sin(frameCount/151.0),-1,1,100,255) # 随机蓝色分量
35                particle[4] = color(r,g,b) # 设置随机颜色
36
37            fill(particle[4])  # 设置填充颜色
38            circle(particle[0], particle[1], 2) # 画一个直径为2的圆点
```

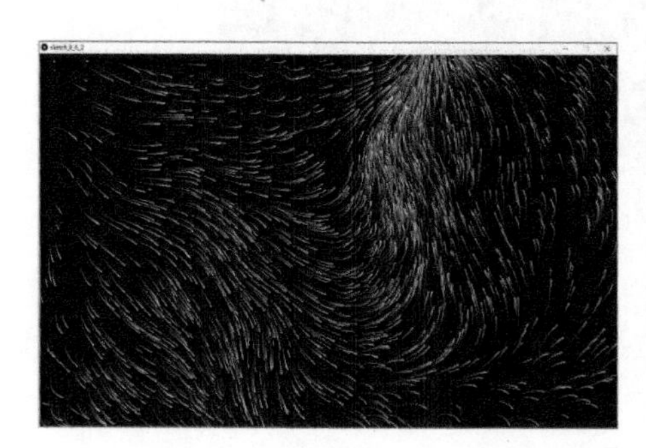
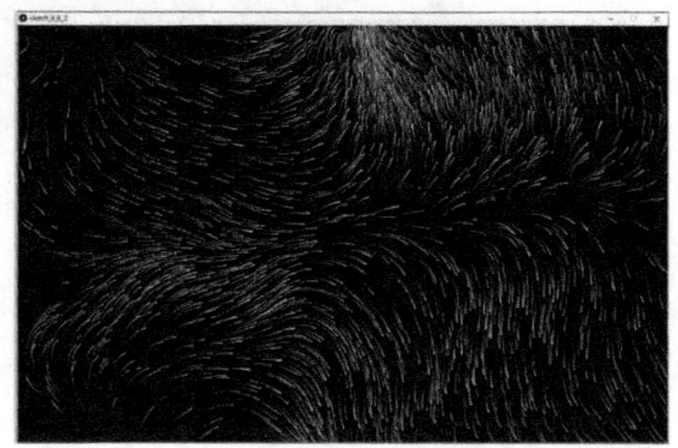

图 8-11

8.7 小结

这一章主要讲解了列表的语法知识，实现了随风飘动的粒子。应用列表，我们可以记录、处理大量的数据；应用随机和颜色，我们能够实现更加丰富多变的效果。读者也可以尝试实现更加有趣的交互和可视化效果。

第 9 章
互相作用的圆球

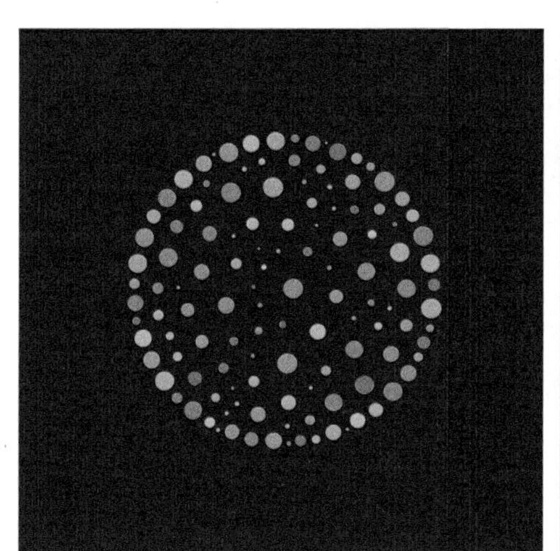
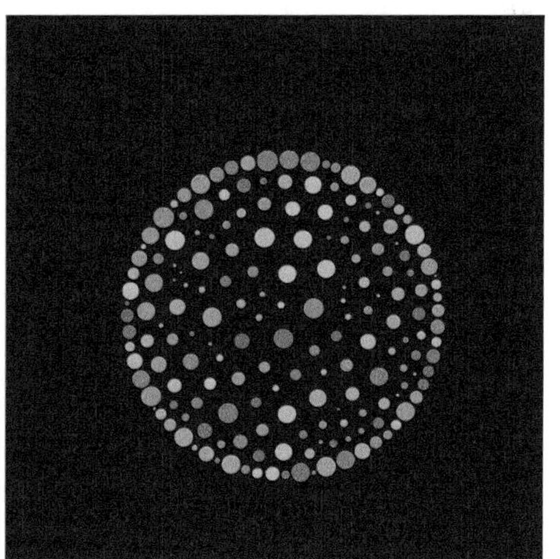

图 9-1

本章我们将实现互相作用的圆球，如图9-1所示。首先实现多个随机的圆球，为圆球之间增加作用力，使其均匀分布到一个大圆内；然后实现鼠标交互和不同的圆球半径；最后学习函数的定义与使用，改进实现的代码。

本章案例最终代码一共52行，代码参看“配套资源\第9章\sketch_9_5_3\sketch_9_5_3.pyde”，视频效果参看“配套资源\第9章\互相作用的圆球.mp4”。

9.1　多个随机圆球

修改sketch_8_6_1.pyde代码，可以实现多个随机运动的小球（如图9-2所示）：

sketch_9_1_1.pyde

```
1   balls = [] # 存储所有圆球的全局变量，初始为空列表
2   num = 50 # 圆球的总个数
3
4   def setup():
5       size(800, 800) # 设定画布大小
6       noStroke()  # 不绘制线条
7       for i in range(num): # 生成若干个圆球
8           x = random(0,width)  # 设置圆心x坐标
9           y = random(0,height) # 设置圆心y坐标
10          vx = random(-1,1) # x方向速度
11          vy = random(-1,1) # y方向速度
12          radius = 10 # 圆球半径
13          # 随机颜色
14          c = color(random(100,255),random(100,255),random(100,255))
15          ball = [x,y,vx,vy,radius,c] # 当前圆球列表
16          balls.append(ball) # 把圆球添加到balls中
17
18  def draw():
19      background(30) # 黑灰色背景
20      for ball in balls:  # 对所有圆球遍历
21          ball[0] += ball[2]  # 根据x方向速度，更新x坐标
22          ball[1] += ball[3]  # 根据y方向速度，更新y坐标
23          fill(ball[5])  # 设置填充颜色
24          circle(ball[0], ball[1], 2*ball[4]) # 画一个圆
```

其中第21行ball[0] += ball[2] 为复合运算符，其等价于：ball[0] = ball[0] + ball[2]。

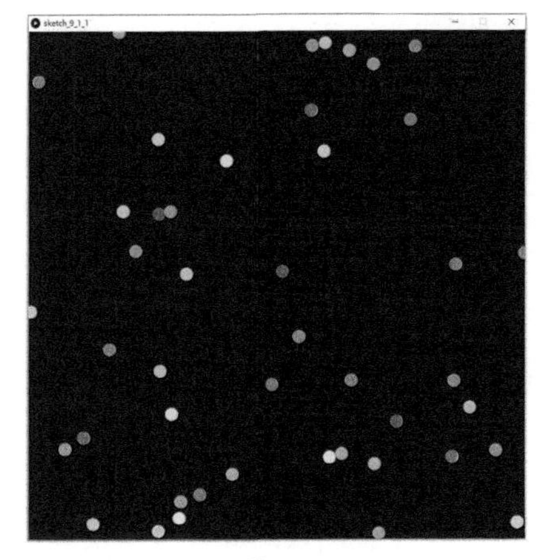

图 9-2

练习9-1：写出程序运行的结果：

ex_9_1.pyde

```
1    a = 1
2    a += 4
3    print(a)
4    a -= 2
5    print(a)
6    a *= 4
7    print(a)
8    a /= 3
9    print(a)
10   a %= 2
11   print(a)
```

9.2 圆球间的作用力

假设圆球A同时受圆球B、C、D的影响，如图9-3所示。

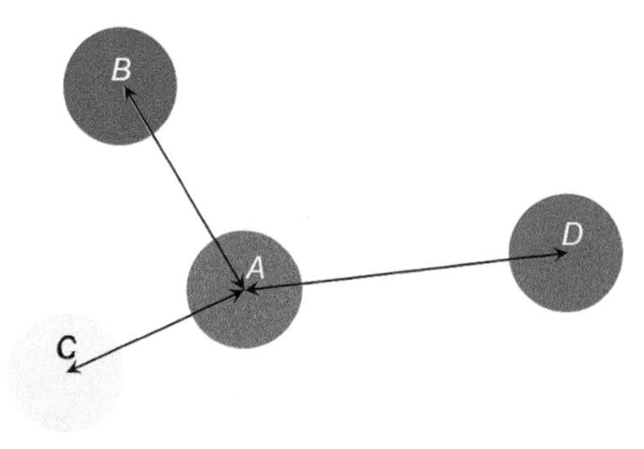

图 9-3

令$|AB|$表示A、B两球圆心间的距离，F_{AB}表示B球对A的作用力大小，设定$F_{AB}=|AB|-300$，受力方向为沿着AB圆心连线的方向。同理可以得到$F_{AC}=|AC|-300$、$F_{AD}=|AD|-300$。

由圆球间作用力的公式可知，两球间距离越远离300，两球间的作用力就越大；越接近300，两球间的作用力就越接近0。采用以上形式的作用力，会将小球互相推开，相对均匀地分布到直径为300的圆上。

假设$\boldsymbol{F}$为A球所受的合力，m为其质量，由牛顿力学定律可知其加速度$\boldsymbol{a}=\boldsymbol{F}/m$，下一帧的速度$\boldsymbol{v}=\boldsymbol{v}+\boldsymbol{a}$，下一帧的坐标$\boldsymbol{x}=\boldsymbol{x}+\boldsymbol{v}$。

对所有的圆球均做相应的处理，实现代码如下：

sketch_9_2_1.pyde（其他代码同sketch_9_1_1.pyde）

```
18  def draw():
19      background(30) # 黑灰色背景
20      for i in range(num):
21          fx = 0 # 第i号圆球，x方向所受合力
22          fy = 0 # 第i号圆球，y方向所受合力
23          for j in range(num): # 对其他所有球遍历
24              if (i!=j): # 对于不等于i的j
25                  dx = balls[j][0] - balls[i][0] # 两个小球x坐标差
26                  dy = balls[j][1] - balls[i][1] # 两个小球y坐标差
27                  distance = sqrt(dx*dx + dy*dy) # 两个小球间的距离
28                  f_mag = distance - 300 # j号球对i号球的作用力大小
29                  fx += f_mag*dx/distance # 求出x方向的受力，加到fx上
30                  fy += f_mag*dy/distance # 求出y方向的受力，加到fy上
31          ax = fx/100.0  # 合力除以质量，计算两个方向的加速度
32          ay = fy/100.0
33          balls[i][2] += ax # 根据加速度更新速度
34          balls[i][3] += ay
35
36      for ball in balls:  # 对所有圆球遍历
37          ball[0] += ball[2]  # 根据x方向速度，更新x坐标
38          ball[1] += ball[3]  # 根据y方向速度，更新y坐标
39          fill(ball[5])  # 设置填充颜色
40          circle(ball[0], ball[1], 2*ball[4]) # 画一个圆
```

外层循环首先对所有的圆球遍历，对于第i号圆球，设定其X、Y方向所受合力为fx、fy，并初始化为0。

内层循环对所有不等于i的j号圆球，求出两个小球X、Y方向的坐标差dx、dy，求出两个小球之间的距离distance。由计算公式f_mag = distance–300得到j号球对i号球的作用力，并将X、Y方向的作用力分量加到fx、fy上。

内层循环结束后，求出了合力fx、fy，计算加速度ax、ay（假设半径为10的小球，质量为100），然后将加速度分量添加到i号球的速度上。

外层循环结束后，所有圆球的速度已经更新。然后再次遍历所有圆球，利用速度更新坐标，并进行绘制。

sketch_9_2_1.pyde代码运行后，小球不停运动。进一步，我们可以改进代码，实现小球规范性的运动：

sketch_9_2_2.pyde（其他代码同sketch_9_2_1.pyde）

```
20      for i in range(num):
21          fx = 0 # 第i号圆球，x方向所受合力
22          fy = 0 # 第i号圆球，y方向所受合力
23          for j in range(num): # 对其他所有球遍历
24              if (i!=j):  # 对于不等于i的j
25                  dx = balls[j][0] - balls[i][0] # 两个小球x坐标差
26                  dy = balls[j][1] - balls[i][1] # 两个小球y坐标差
27                  distance = sqrt(dx*dx + dy*dy) # 两个小球间的距离
28                  if distance < 1: # 防止距离过小，有除0的风险
29                      distance = 1
30                  f_mag = (distance - 300) # j号球对i号球的作用力大小
31                  fx += f_mag*dx/distance # 求出x方向的受力，加到fx上
32                  fy += f_mag*dy/distance # 求出y方向的受力，加到fy上
33          ax = fx/100.0  # 合力除以质量，计算两个方向的加速度
34          ay = fy/100.0
35          balls[i][2] = 0.99*balls[i][2] + 0.01*ax # 根据加速度更新速度
36          balls[i][3] = 0.99*balls[i][3] + 0.01*ay
```

28-29行添加代码，防止distance值过小时，在31-32行有除以0的问题。

修改35-36行代码，使得圆球新一帧的速度主要受上一帧速度影响，较少受加速度的影响，从而实现更稳定的运动效果。

代码运行效果如图9-4所示。

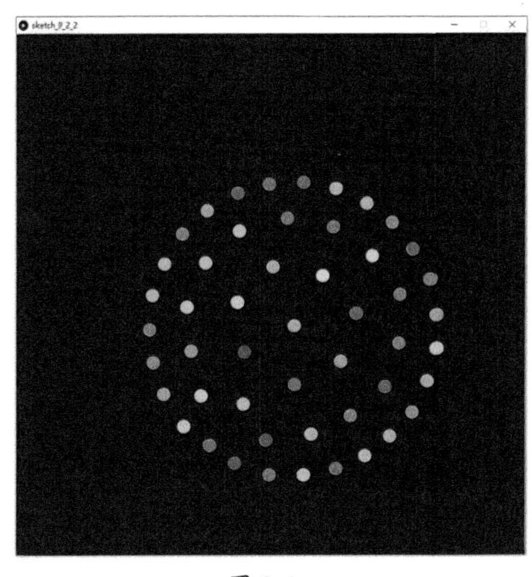

图 9-4

9.3　鼠标交互添加圆球

假设画布中初始没有圆球，鼠标点击时，在鼠标位置添加新的圆球到列表中，实现代码如下：

```
def mousePressed():  # 鼠标点击时
    radius = 10 # 半径
    # 随机颜色
    c = color(random(100,255),random(100,255),random(100,255))
    # ball = [x坐标,y坐标,x方向速度,y方向速度,半径,颜色]
    ball = [mouseX,mouseY,0,0,radius,c] # 当前圆球列表
    balls.append(ball) # 把圆球添加到balls中
```

当鼠标拖动时，也可以添加新的圆球到列表中，实现代码如下：

```
def mouseDragged():  # 鼠标拖拽时
    if frameCount % 5 == 0: # 防止添加过多圆球
        radius = 10 # 半径
        # 随机颜色
        c = color(random(100,255),random(100,255),random(100,255))
        # ball = [x坐标,y坐标,x方向速度,y方向速度,半径,颜色]
        ball = [mouseX,mouseY,0,0,radius,c] # 当前圆球列表
        balls.append(ball) # 把圆球添加到balls中
```

为了防止鼠标拖拽时添加过多的圆球，设定只有当帧数能够被5整除时才添加。完整代码可参看sketch_9_3_1.pyde。

9.4　不同半径的圆球

这一节我们实现不同半径、不同质量的圆球互动效果，如图9-5所示：

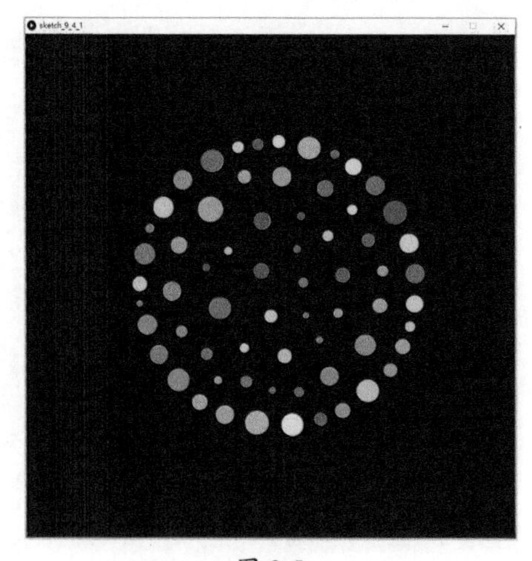

图 9-5

sketch_9_4_1.pyde

```
1   balls = [] # 存储所有圆球的全局变量，初始为空列表
2
3   def setup():
4       size(800, 800) # 设定画布大小
5       noStroke()  # 不绘制线条
6
7   def draw():
8       background(30) # 黑灰色背景
9       for i in range(len(balls)):
10          fx = 0 # 第i号圆球，x方向所受合力
11          fy = 0 # 第i号圆球，y方向所受合力
12          for j in range(len(balls)): # 对其他所有球遍历
13              if (i!=j):  # 对于不等于i的j
14                  dx = balls[j][0] - balls[i][0] # 两个小球x坐标差
15                  dy = balls[j][1] - balls[i][1] # 两个小球y坐标差
16                  distance = sqrt(dx*dx + dy*dy) # 两个小球间的距离
17                  if distance < 1: # 防止距离过小，有除0的风险
18                     distance = 1
19                  # j号球对i号球的作用力大小
20                  f_mag = (distance - 300)* balls[j][4]
21                  fx += f_mag*dx/distance #求出x方向的受力，加到fx上
22                  fy += f_mag*dy/distance #求出y方向的受力，加到fy上
23          ax = fx/balls[i][4]*0.05 # 合力除以质量，计算两个方向的加速度
24          ay = fy/balls[i][4]*0.05
25          balls[i][2] = 0.99*balls[i][2] + 0.01*ax # 根据加速度更新速度
26          balls[i][3] = 0.99*balls[i][3] + 0.01*ay
27
28      for ball in balls:  # 对所有圆球遍历
29          ball[0] += ball[2]  # 根据x方向速度，更新x坐标
30          ball[1] += ball[3]  # 根据y方向速度，更新y坐标
31          fill(ball[5])  # 设置填充颜色
32          circle(ball[0], ball[1], 2*ball[4]) # 画一个圆
33
34  def mousePressed():  # 鼠标点击时
35      radius = random(5,20) # 随机半径
36      # 随机颜色
37      c = color(random(100,255),random(100,255),random(100,255))
38      # ball = [x坐标,y坐标,x方向速度,y方向速度,半径,颜色]
39      ball = [mouseX,mouseY,0,0,radius,c] # 当前圆球列表
40      balls.append(ball) # 把圆球添加到balls中
41
42  def mouseDragged():  # 鼠标拖拽时
43      if frameCount % 5 == 0: # 防止添加过多圆球
44          radius = random(5,20) # 随机半径
45          # 随机颜色
46          c = color(random(100,255),random(100,255),random(100,255))
47          # ball = [x坐标,y坐标,x方向速度,y方向速度,半径,颜色]
48          ball = [mouseX,mouseY,0,0,radius,c] # 当前圆球列表
```

```
49              balls.append(ball) # 把圆球添加到balls中
```

在函数 mousePressed()、mouseDragged() 中，radius = random(5,20) 设定圆球的半径为 [5,20] 之间的随机数。

修改20行代码为：f_mag = (distance - 300)* balls[j][4]，j 号球对 i 号球的作用力大小与 j 号球的半径大小成正比。j 号球半径越大，其对 i 号球的作用力也越大。

修改23、24行代码为：ax = fx/balls[i][4]*0.05、ay = fy/balls[i][4]*0.05，i 号球的加速度与其质量成反比。i 号球质量越小，其加速度越大。

9.5　无参数的函数

sketch_9_4_1.pyde 中应用了四个函数：setup()、draw()、mousePressed()、mouseDragged()。回顾 draw() 函数的定义，首先需要写一个关键词 def（define 的缩写，表示定义函数），然后写上函数的名字 draw，写上括号“()”及冒号“:”，然后写上 draw() 函数对应执行的语句。

我们也可以定义自己的函数并调用执行：

sketch_9_5_1.pyde

```
1  def printStars():
2      str = ""
3      for i in range(5):
4          str = str + "*"
5      print(str)
6
7  printStars()
```

输出：

```
*****
```

def printStars(): 进行函数的定义，函数中首先定义一个空的字符串 str，然后利用加号 + 将 5 个字符“*”添加到 str 中，最后输出 str。

函数定义后，printStars() 语句调用函数，即执行了函数内部的所有语句。

练习 9-2：调用 sketch_9_5_1.pyde 中定义的函数，输出如下效果：

分析 sketch_9_4_1.pyde，生成新圆球的代码重复出现在 mousePressed()、

mouseDragged() 函数中。为了简化处理，我们可以把这些代码定义到函数中，然后在 mousePressed()、mouseDragged() 中分别调用：

sketch_9_5_2.pyde（其他代码同 sketch_9_4_1.pyde）

```
34  def addBall(): # 添加一个新的圆球
35      radius = random(5,20) # 随机半径
36      # 随机颜色
37      c = color(random(100,255),random(100,255),random(100,255))
38      # ball = [x坐标,y坐标,x方向速度,y方向速度,半径,颜色]
39      ball = [mouseX,mouseY,0,0,radius,c] # 当前圆球列表
40      balls.append(ball) # 把圆球添加到balls中
41
42  def mousePressed():  # 鼠标点击时
43      addBall() # 添加一个新的圆球
44
45  def mouseDragged():  # 鼠标拖拽时
46      if frameCount % 5 == 0: # 防止添加过多圆球
47          addBall() # 添加一个新的圆球
```

改进后的代码更加简洁，可读性也更好。进一步添加代码，当按下任意键时清空所有圆球：

sketch_9_5_3.pyde（其他代码同 sketch_9_5_2.pyde）

```
49  def keyPressed(): # 当按下任意键盘按键时
50      global balls # 全局变量
51      if len(balls)>0: # 如果balls列表不为空
52          balls = [] # 清空所有圆球
```

练习9-3：在画布中生成随机的圆，并保证所有圆不相交，效果如图9-6所示。

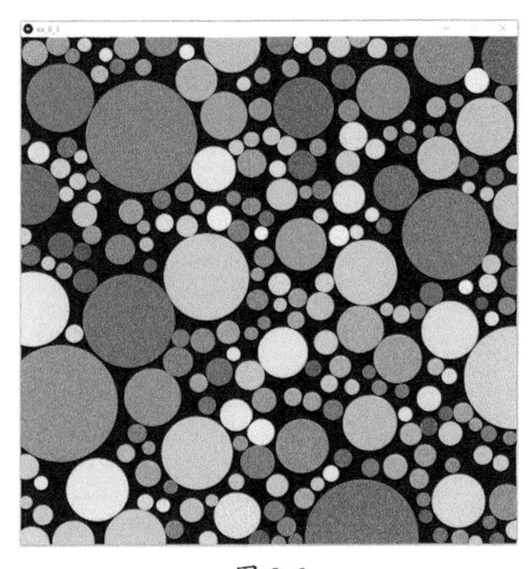

图 9-6

9.6　小结

这一章主要讲解了无参数函数的定义、复合运算符等语法知识，实现了互相作用的圆球。用好函数可以避免程序开发的重复劳动，读者也可以尝试用函数改进之前章节实现过的案例。

第 10 章 随机山水画

图 10-1

本章我们将绘制随机山水画，如图10-1所示。首先学习HSB颜色模型，并实现天空颜色渐变的效果；接着利用柏林噪声，实现云朵和山脉的绘制；然后学习随机种子函数，实现鼠标点击更新随机画面；最后学习带参数的函数，改进实现的代码。

本章案例最终代码一共52行，代码参看“配套资源\第10章\sketch_10_6_4\sketch_10_6_4.pyde”，视频效果参看“配套资源\第10章\随机山水画.mp4”。

10.1　HSB 颜色模型

除了RGB颜色模型外，还有一种根据颜色的直观特性创建的颜色模型，叫作HSB颜色模型，如图10-2所示。Processing的colorMode()函数可以设置颜色模型，以及各个分量的取值范围，比如设定colorMode(HSB, 360, 100, 100)。

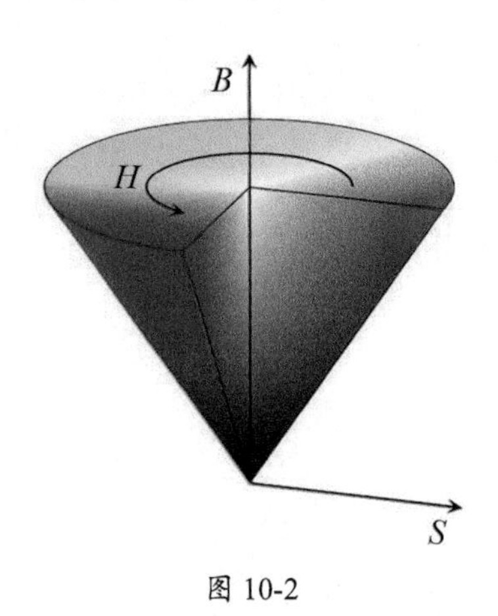

图 10-2

H是hue的首字母，表示色调，取值范围0到360，刻画不同的色彩，比如红色为0，绿色为120，蓝色为240；S是saturation的首字母，表示饱和度，取值范围0到100，表示混合了白色的比例，值越高颜色越鲜艳；B是brightness的首字母，表示亮度，取值范围0到100，等于0为黑色，100最明亮。

输入并运行以下代码：

sketch_10_1_1.pyde

```
1   def setup():
2       size(600, 600)  # 设定画面宽度、高度
3       noStroke() # 不绘制线条
```

```
4        background(255)  # 设置白色背景，并覆盖整个画面
5        colorMode(HSB,360,100,100) # 设置HSB颜色模型、对应分量取值范围
6
7    def draw():
8        step = 10 # 每次增加10度
9        for i in range(0,360,step): # 对一圈角度遍历
10           c = color(i,100,100) # 设定色调变化的颜色
11           fill(c) # 设置填充颜色
12           # 绘制对应颜色的圆弧
13           arc(width/2,height/2,width,height,radians(i),radians(i+step))
```

for循环语句中，i的值从0增加到360，color(i,100,100)即得到了光谱上的各种单色效果。依次绘制对应颜色的填充圆弧，效果如图10-3所示。

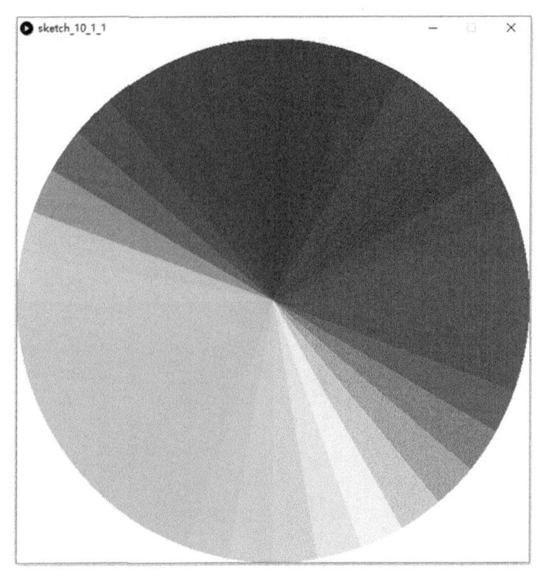

图 10-3

对于图10-1中的绘制效果，对云朵、天空、远山、近山四种绘制元素分别设定HSB颜色模型的颜色（如图10-4所示）：

sketch_10_1_2.pyde

```
1    def setup():
2        global cClouds,cSky,cFurther,cCloser # 全局变量
3        size(800, 600) # 设定画面宽度、高度
4        colorMode(HSB, 360, 100, 100)  # 色相、饱和度、亮度 颜色模型
5        cClouds = color(330, 25, 100)  # 云的颜色
6        cSky = color(220, 50, 50)      # 天空的颜色
7        cFurther = color(230, 25, 90)  # 远山的颜色
8        cCloser = color(210, 70, 10)   # 近山的颜色
9
```

```
10  def draw():
11      # 分别以相应颜色绘制一个圆圈
12      fill(cClouds)
13      circle(100,300,150)
14      fill(cSky)
15      circle(300,300,150)
16      fill(cFurther)
17      circle(500,300,150)
18      fill(cCloser)
19      circle(700,300,150)
```

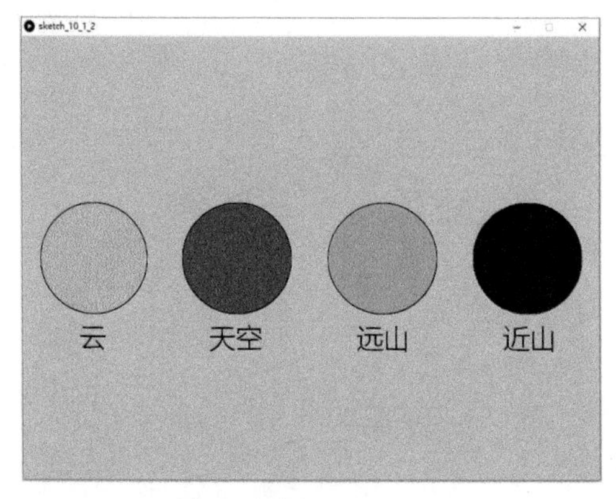

图 10-4

10.2 天空颜色渐变

这一节绘制出天空颜色渐变的效果：

sketch_10_2_1.pyde（其他代码同 sketch_10_1_2.pyde）

```
10  def draw():
11      background(cFurther) # 背景为远山的颜色
12      # 画出天空颜色渐变效果
13      for y in range(height/2): # 从顶部开始绘制画面上半部分
14          strokeWeight(1) # 线粗细为1
15          # 颜色插值，从天空颜色逐渐变成远山颜色
16          stroke(lerpColor(cSky,cFurther,float(y)/(height/2)))
17          line(0, y, width, y) # 横着的一条线
```

函数 background(cFurther) 首先以远山的颜色填充整个画面。

for 循环语句中，表示纵坐标的 y 变量从 0 逐步增加到 height/2，即绘制画面的上半部分。

函数 lerpColor(c1, c2, x) 利用 [0,1] 之间的小数 x 对颜色 c1、c2 进行插值。x

越接近0，插值颜色越接近c1；x越接近1，插值颜色越接近c2。

循环语句中float(y)/(height/2)的值从0逐渐增加到1，lerpColor(cSky, cFurther, float(y)/(height/2))即生成了从天空颜色逐渐渐变到远山颜色的色彩。line(0, y, width, y)依次画出相应颜色的横线，即实现了天空颜色渐变的效果，如图10-5所示。

图 10-5

10.3 绘制彩色云朵

这一节我们继续绘制彩色云朵：

sketch_10_3_1.pyde（其他代码同sketch_10_2_1.pyde）

```
20        # 画出彩色云朵效果
21        noStroke() # 不绘制线条
22        for y in range(height/3): # 在上面三分之一部分
23            for x in range(0,width,2): # 横向遍历
24                noiseValue = noise(x*0.004,y*0.02) # 柏林噪声
25                fill(cClouds,100*noiseValue) # 设置透明度
26                circle(x, y, 2)     # 画圆
```

外层for循环中，y坐标从0增加到height/3，即云朵仅出现在画面的上面三分之一部分。内层for循环中，x坐标从左向右遍历。

noiseValue = noise(x*0.004,y*0.02) 为和x、y坐标相关的柏林噪声，相邻点的noiseValue值较接近；fill(cClouds, 100*noiseValue)设置相应的颜色和透明度，circle(x, y, 2)画一个小圆。最终可以叠加出随机的云朵效果，如图10-6所示。

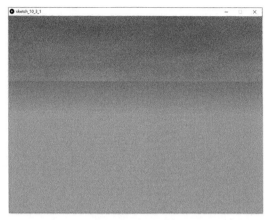

图 10-6

高度height/3处的分界线过于明显，为此可以进一步改进：

sketch_10_3_2.pyde（其他代码同sketch_10_3_1.pyde）

```
20        # 画出彩色云朵效果
21        noStroke() # 不绘制线条
22        for y in range(height/3): # 在上面三分之一部分
23            for x in range(0,width,2): # 横向遍历
24                noiseValue = noise(x*0.004,y*0.02) # 柏林噪声
25                ration = map(y, 0, height/3, 150, 5) # 越向下、云越透明
26                fill(cClouds, ration*noiseValue) # 设置透明度
27                circle(x, y, 2)    # 画圆
```

ration = map(y, 0, height/3, 150, 5)将[0, height/3]范围的y坐标映射到[150, 5]，fill(cClouds, ration*noiseValue)设置云朵的透明度为ration × noiseValue，从而y越接近height/3，云朵越透明。如此即实现了云朵边界的自然过渡，效果如图10-7所示。

图 10-7

10.4 绘制山脉

首先，我们绘制出一个如图10-8所示的随机山脉形状：

sketch_10_4_1.pyde（其他代码同sketch_10_3_2.pyde）

```
29        # 画出山脉效果
30        noFill() # 不填充
31        stroke(cCloser) # 近山的颜色
32        beginShape() # 开始画一些顶点组成的图形
33        vertex(0, height) # 第一个点在左下角
34        for x in range(0,width+1,5): # 从左到右遍历
35            noiseValue = noise(x*0.005) # 柏林噪声
36            yMountain = map(noiseValue,0,1,height/2,height) # 这个点的高度
37            vertex(x, yMountain) # 添加这个点
38        vertex(width, height) # 最后一个点在右下角
39        endShape(CLOSE) # 结束画一些顶点组成的封闭图形
```

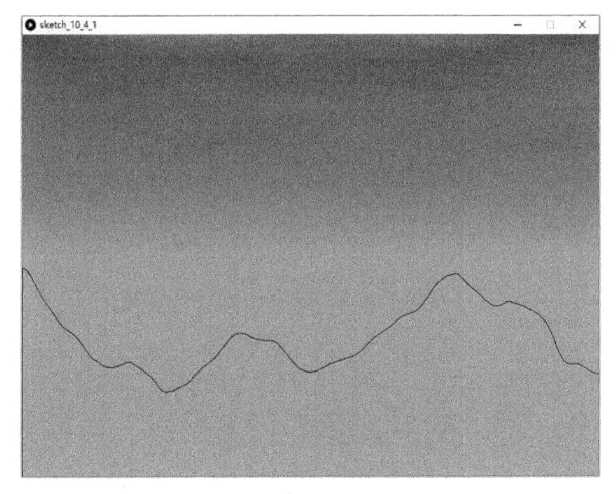

图 10-8

beginShape()函数开始绘制曲线，curveVertex()添加多个顶点，endShape(CLOSE)函数结束封闭曲线的绘制。

vertex(0, height)首先添加左下角顶点。

for语句中x坐标从0逐渐增加到width，noiseValue=noise(x*0.005) 是和x坐标相关的柏林噪声，yMountain=map(noiseValue,0,1,height/2,height)把[0,1]范围的noiseValue映射到[height/2,height]，即生成了x坐标对应的y坐标，vertex(x, yMountain)添加这个顶点。

vertex(width, height)最后添加右下角顶点，如此即绘制了一个山脉的轮廓曲线。

将山脉曲线设置为填充模式，即可以绘制出图10-9中的效果：

sketch_10_4_2.pyde（其他代码同sketch_10_4_1.pyde）

```
29        # 画出山脉效果
30        noStroke() # 不绘制线条
31        fill(cCloser) # 填充为近山的颜色
```

图 10-9

进一步，我们可以绘制出从远到近的8层山脉效果：

sketch_10_4_3.pyde（其他代码同sketch_10_4_2.pyde）

```
29        # 画出山脉效果
30        mountainLayer = 8 # 一共画8层山
31        for n in range(mountainLayer):
32            #  每一层山的y坐标的最小值
33            yMin = map(n,0,mountainLayer,height*0.2,height*0.8)
34            # 山的颜色由远向近渐变
35            fill(lerpColor(cFurther,cCloser, float(n+1)/mountainLayer))
36            beginShape() # 开始画一些顶点组成的图形
37            vertex(0, height) # 第一个点在左下角
38            for x in range(0,width,2): # 从左到右遍历
39                noiseValue = noise(x*0.005,yMin*0.02) # 柏林噪声
40                # x横坐标对应的高度，越近的山，高度越向下
41                yMountain = map(noiseValue, 0, 1, yMin, yMin+height/2)
42                vertex(x, yMountain) # 添加这个点
43            vertex(width, height) # 最后一个点在右下角
44            endShape(CLOSE) # 结束画一些顶点组成的封闭图形
```

假设一共有mountainLayer = 8层山脉，则外层for循环中的n从0到mountainLayer−1遍历。

yMin = map(n,0,mountainLayer,height*0.2,height*0.8) 求出每一层山脉y坐

标的最小值。随着n的增加，第n层山脉在画面中的位置越来越向下。

lerpColor(cFurther,cCloser, float(n+1)/mountainLayer)为第n层山脉的颜色，随着n的增加，山脉颜色逐渐从远山颜色变为近山颜色。

内层for循环中横坐标x从0逐渐增加到width，noiseValue = noise(x*0.005, yMin*0.02)是和x、y坐标相关的柏林噪声，yMountain = map(noiseValue, 0, 1, yMin, yMin+height/2)把[0,1]范围的noiseValue映射到[yMin, yMin+height/2]，越近的山脉其顶点y坐标越大，vertex(x, yMountain)添加这个顶点。

最终绘制效果如图10-10所示。

图 10-10

练习10-1：尝试为山脉形状添加一些细节，模拟山脉上树木丛生的剪影效果，如图10-11所示。

图 10-11

10.5　鼠标点击更新画面

首先输入并运行以下代码，可以在画面中显示一个随机大小的圆（如图10-12所示）：

sketch_10_5_1.pyde

```
1  def setup():
2      size(600, 600) # 设定画面宽度、高度
3
4  def draw():
5      background(200) # 灰色背景
6      noiseValue = noise(0) # 柏林噪声
7      diameter = map(noiseValue,0,1,100,500) # 直径
8      circle(width/2,height/2,diameter) # 画一个圆
```

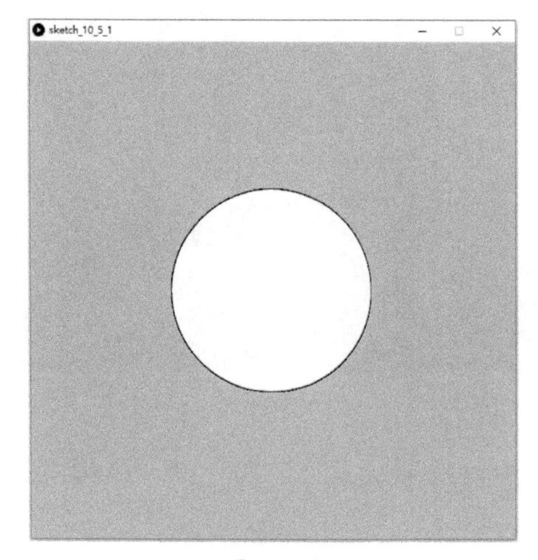

图 10-12

点击运行后，虽然draw()函数每帧重复运行，但是noise(0)的值都不变，因此圆的直径大小也不会变化。回顾7.3节中的讲解，noise()函数相当于预先设定好了一个数据曲线，对应的取值可由括号的数字参数所决定。

当用户多次点击运行后，会发现每次新运行程序中的圆大小并不一样。这是因为每次运行后，系统重现生成了一条数据曲线用于noise()函数取值。

为了能够保证程序各次运行时，圆的大小均一致，可以修改代码如下：

sketch_10_5_2.pyde

```
1  def setup():
2      size(600, 600) # 设定画面宽度、高度
3      noiseSeed(0) # 设定随机数种子
4
```

```
5    def draw():
6        background(200) # 灰色背景
7        noiseValue = noise(0) # 柏林噪声
8        diameter = map(noiseValue,0,1,100,500) # 直径
9        circle(width/2,height/2,diameter) # 画一个圆
```

noiseSeed()函数用括号内的数字设定随机数种子，noiseSeed(0)相当于生成数字0对应的预设数据曲线供noise()函数取值。加上这一行代码后，多次运行程序，noise(0)的取值均一致。

进一步，修改代码如下：

sketch_10_5_3.pyde

```
1    def setup():
2        size(600, 600) # 设定画面宽度、高度
3
4    def draw():
5        background(200) # 灰色背景
6        noiseValue = noise(0) # 柏林噪声
7        diameter = map(noiseValue,0,1,100,500) # 直径
8        circle(width/2,height/2,diameter) # 画一个圆
9
10   def mousePressed(): # 鼠标按键时
11       noiseSeed(frameCount) # 用帧数初始化随机数种子
```

当用户按下鼠标按键，用当前帧数初始化随机数种子，如此即可重新绘制一个随机大小的圆。

按照以上的思路，可以实现鼠标点击后绘制新的随机山水画（如图10-13所示）：

sketch_10_5_4.pyde（其他代码同ex_10_1.pyde）

```
47   def mousePressed(): # 鼠标按键时
48       noiseSeed(frameCount*int(random(10))) # 用帧数初始化随机数种子
```

图 10-13

10.6 带参数的函数

函数定义的括号内，还可以写上函数运行时接收的参数，比如我们可以修改 sketch_9_5_1.pyde，让用户设定要输出的星号的个数：

sketch_10_6_1.pyde

```
1   def printStars(num):
2       str = ""
3       for i in range(num):
4           str = str + "*"
5       print(str)
6
7   printStars(3)
8   printStars(5)
9   printStars(8)
```

其中 num 为函数的参数，函数内部把 num 个“*”添加到字符串 str 中并输出。调用函数时，printStars(3) 表示把 3 赋给 num，然后执行 printStars() 函数内部的语句。调用函数时括号内写不同的数字，就可以输出对应数字个数的星号。程序运行后，分别输出 3 个、5 个、8 个星号：

函数也可以接受多个参数，参数间以逗号间隔：

sketch_10_6_2.pyde

```
1   def printStars(num,ch):
2       str = ""
3       for i in range(num):
4           str = str + ch
5       print(str)
6
7   printStars(3,"+")
8   printStars(5,"-")
9   printStars(8,"*")
```

以上函数接受两个参数：ch 为对应的字符、num 为要输出的字符的个数。程序运行后，分别输出 3 个“+”、5 个“-”、8 个“*”：

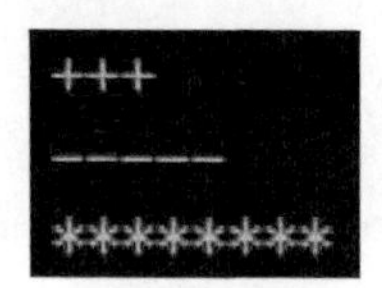

练习10-2：定义函数，输出行数为num的字符ch组成的三角形字符阵列，样例输出如下：

回顾int()函数的用法：

```
n = int(3.5)
```

其将函数计算结果返回出来，赋给变量n。同样，我们自定义的函数也可以定义返回值：

sketch_10_6_3.pyde

```
1   def maxfun(x, y):
2       max = x
3       if (x < y):
4           max = y
5       return max
6
7   result = maxfun(3, 5)
8   print(result)
```

输出：

```
5
```

利用return语句，函数maxfun()将计算结果max返回出来。调用函数时，就可以将函数的返回值赋给其他变量了。

提示　当我们要解决的问题比较复杂时，可以把问题分块，每一块功能相对独立，用一个独立的函数来实现。用好函数可以降低程序设计的复杂性，提高代码的可靠性，避免程序开发的重复劳动，便于程序的维护和功能扩充。

应用带参数的函数，我们可以修改sketch_10_5_4.pyde，使得代码的结构更加清晰：

sketch_10_6_4.pyde

```
1    def setup():
2        size(800, 600) # 设定画面宽度、高度
3        colorMode(HSB, 360, 100, 100)  # 色相、饱和度、亮度 颜色模型
4
5    def draw():
6        cClouds = color(330, 25, 100)  # 云的颜色
7        cSky = color(220, 50, 50)      # 天空的颜色
8        cFurther = color(230, 25, 90)  # 远山的颜色
9        cCloser = color(210, 70, 10)   # 近山的颜色
10       background(cFurther) # 背景为远山的颜色
11       drawSky(cSky,cFurther) # 画出天空颜色渐变效果
12       drawClouds(cClouds) # 画出彩色云朵效果
13       drawMountains(cFurther,cCloser) # 画出山脉效果
14
15   def mousePressed(): # 鼠标按键时
16       noiseSeed(frameCount*int(random(10))) # 用帧数初始化随机数种子
17
18   def drawSky(colSky,colFurther): # 画出天空颜色渐变效果
19       for y in range(height/2): # 从顶部开始绘制画面上半部分
20           strokeWeight(1) # 线粗细为1
21           # 颜色插值，从天空颜色逐渐变成远山颜色
22           stroke(lerpColor(colSky,colFurther, float(y)/(height/2)))
23           line(0, y, width, y) # 横着的一条线
24
25   def drawClouds(colClouds): # 画出彩色云朵效果
26       noStroke() # 不绘制线条
27       for y in range(height/3): # 在上面三分之一部分
28           for x in range(0,width,2): # 横向遍历
29               noiseValue = noise(x*0.004,y*0.02) # 柏林噪声
30               ration = map(y, 0, height/3, 150, 5) # 越向下、云越透明
31               fill(colClouds, ration*noiseValue) # 设置透明度
32               circle(x, y, 2)  # 画圆
33
34   def drawMountains(colFurther,colCloser): # 画出山脉效果
35       mountainLayer = 8 # 一共画8层山
36       for n in range(mountainLayer):
37           #  每一层山的y坐标的最小值
38           yMin = map(n,0,mountainLayer,height*0.2,height*0.8)
39           # 山的颜色由远向近渐变
40           fill(lerpColor(colFurther,colCloser, \
41                                    float(n+1)/mountainLayer))
42           beginShape() # 开始画一些顶点组成的图形
43           vertex(0, height) # 第一个点在左下角
44           for x in range(0,width+1,2): # 从左到右遍历
45               # 柏林噪声
```

```
46              noiseValue = noise(x*0.005,yMin*0.02) \
47                          + 0.03*noise(x*0.3,yMin*0.2)
48              # x横坐标对应的高度，越近的山，高度越向下
49              yMountain = map(noiseValue, 0, 1, yMin, yMin+height/2)
50              vertex(x, yMountain) # 添加这个点
51          vertex(width, height) # 最后一个点在右下角
52          endShape(CLOSE) # 结束画一些顶点组成的封闭图形
```

练习10-3：尝试实现如图10-14（浮云流水.mp4）所示的效果。

图 10-14

10.7 小结

这一章主要讲解了带参数的函数，学习了HSB颜色模型、随机种子函数等知识，实现了随机山水画。读者也可以利用柏林噪声，尝试实现连绵不绝的随机山水画效果。

有了函数之后，我们可以把程序分成多个简单模块分别实现，更加容易开发出功能复杂的代码。读者也可以尝试把前几章案例中的部分功能用函数封装，进一步理解模块化编程的开发思路。

第 11 章 递归分形树

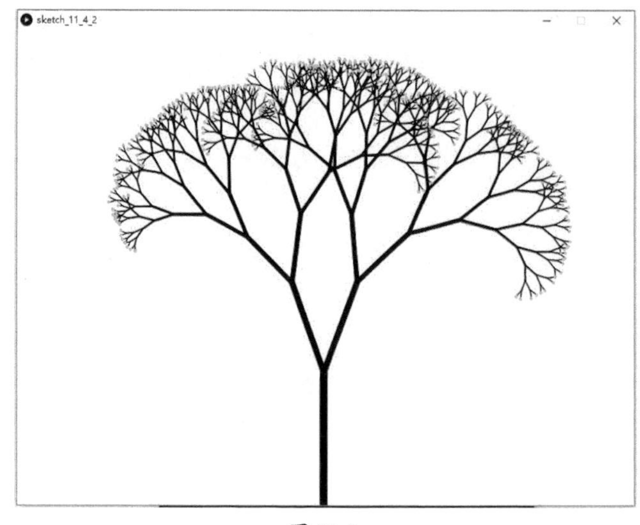

图 11-1

本章我们将绘制递归分形树，如图11-1所示。首先学习递归的概念，并学习if-elif-else语句；接着学习分形的概念，并利用递归调用绘制一棵分形树；最后添加鼠标交互、修改参数，实现随机分形树的绘制。

本章案例最终代码一共62行，代码参看“配套资源\第11章\sketch_11_4_2\ sketch_11_4_2.pyde”，视频效果参看“配套资源\第11章\递归分形树.mp4”。

11.1 递归

函数在定义时还可以调用其他的函数。输入并运行以下代码：

sketch_11_1_1.pyde

```
1   def fun1():
2     print("1")
3
4   def fun2():
5     fun1()
6     print("2")
7
8   fun2()
9   print("3")
```

输出：

```
1
2
3
```

程序运行流程如图11-2所示：

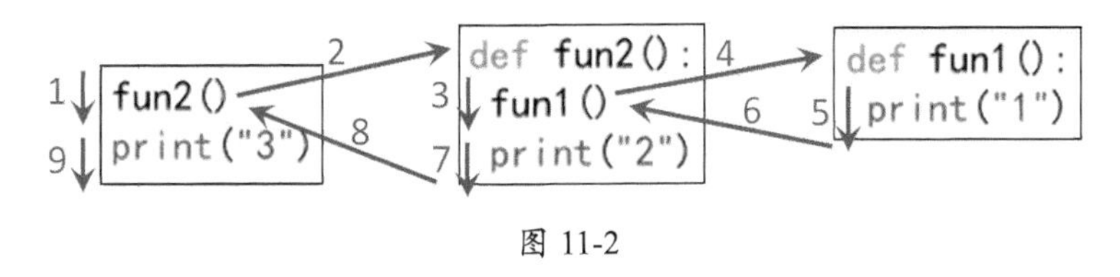

图 11-2

1. 代码从函数外的语句开始运行，调用fun2()函数；
2. 开始进入fun2()函数内部；
3. 在fun2()内，首先调用fun1()函数；
4. 开始进入fun1()函数内部；

5. 在fun1()内，首先输出“1”；
6. fun1()运行结束，返回到fun2()函数内部；
7. 在fun2()内部继续运行，输出“2”；
8. fun2()运行结束，返回到函数外部；
9. 继续运行，输出“3”，程序结束。

一个函数直接或间接地调用自身叫作递归调用，比如求一个整数n的阶乘$n! = n \times (n-1) \times (n-2) \times \cdots \times 1$可以转换为递归调用的形式：

$$n! = \begin{cases} 1 & (n=1) \\ n \times (n-1)! & (n>1) \end{cases}$$

当n大于1时，n的阶乘等于n乘以n−1的阶乘；当n=1时，n的阶乘等于1。定义求阶乘函数fac()如下：

sketch_11_1_2.pyde

```
1  def fac(n):
2      if n>1:
3          f = n*fac(n-1)
4      if n==1:
5          f=1
6      return f
7
8  print(fac(5))
```

函数外调用fac(5)，输出：

```
120
```

程序运行流程如图11-3所示：

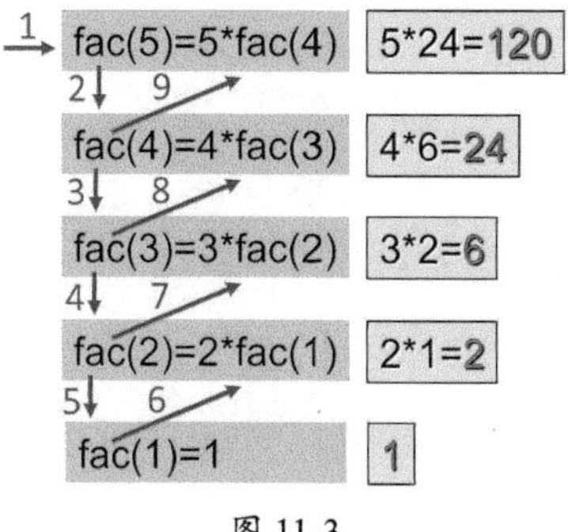

图 11-3

1. 开始运行函数外的语句print(fac(5))，调用fac(5)。进入fac()函数内部，n=5大于1，因此执行fac(5)=5*fac(4)；

2. 开始调用fac(4)。进入fac ()函数内部，n=4大于1，因此执行fac(4)=4*fac(3)；

3. 开始调用fac(3)。进入fac ()函数内部，n=3大于1，因此执行fac(3)=3*fac2)；

4. 开始调用fac(2)。进入fac ()函数内部，n=2大于1，因此执行fac(2)=2*fac(1)；

5. 开始调用fac(1)。进入fac()函数内部，n=1因此执行fac(1)=1，fac(1)执行结束；

6. 返回fac(2)。fac(2)=2*fac(1)=2*1=2，fac(2)执行结束；

7. 返回fac(3)。fac(3)=3*fac(2)=3*2=6，fac(3)执行结束；

8. 返回fac(4)。fac(4)=4*fac(3)=4*6=24，fac(4)执行结束；

9. 返回fac(5)。fac(5)=5*fac(4)=5*24=120，fac(5)执行结束；

10. 返回函数外，最终输出120。

提示 要使用函数递归调用，首先问题的解决需能写成递归调用的形式，比如求n的阶乘可以转换为求n–1的阶乘。另外需要有结束递归的条件，比如n=1时结束求阶乘递归调用，否则程序会一直重复运行。

除了if语句，Python还提供了if-else双选择语句，sketch_11_1_2.pyde可以修改为：

sketch_11_1_3.pyde

```
1  def fac(n):
2      if n>1:
3          f = n*fac(n-1)
4      else:
5          f=1
6      return f
7
8  print(fac(5))
```

if语句首先判断条件n>1是否满足，如果条件满足，就执行if后面的语句；如果条件不满足，则执行else之后的语句。

提示 else不能单独出现，必须和if配套使用，else下面的语句也需要缩进。

另外，当有一系列条件要判断时，Python还提供了elif语句（else if的缩写）。以下代码把百分制得分转换为五级评分标准。

sketch_11_1_4.pyde

```
1   score = int(random(0,100))
2   print(score)
3
4   if (score>=90):
5       print(u"优秀")
6   elif (score>=80):
7       print(u"良好")
8   elif (score>=70):
9       print(u"中等")
10  elif (score>=60):
11      print(u"及格")
12  else:
13      print(u"不及格")
```

运行后输出类似：

score = int(random(0,100))生成[0,100]的随机数，并转换为整数，保存在score中。

代码首先判断得分是否大于等于90，如果条件满足就输出“优秀”；

否则，判断得分是否大于等于80，如果条件满足，说明得分在80到89之间，就输出“良好”；

否则，判断得分是否大于等于70，如果条件满足，说明得分在70到79之间，就输出“中等”；

否则，判断得分是否大于等于60，如果条件满足，说明得分在60到69之间，就输出“及格”；

否则，就说明得分小于60，输出“不及格”。

练习11-1：身体质量指数（Body Mass Index，BMI）是衡量人体肥胖程度的重要标准，读者可以搜索相应的计算方法与标准，尝试编写程序判断体重是否正常。比如代码中设置：

```
h = 1.75 # 身高（米）
w = 68 # 体重（公斤）
```

运行后输出：

体重正常

11.2 绘制分形树

雪花、闪电、叶子、树枝、河道等很多自然现象的图形都具有以下两个特征：

1. 整体上看，物体图形是不规则的；
2. 在不同尺度上，图形的结构又有一定的相似性。

满足这些特征的图形可以称为分形（fractal），图11-4展示了用分形方法绘制一棵树的过程：

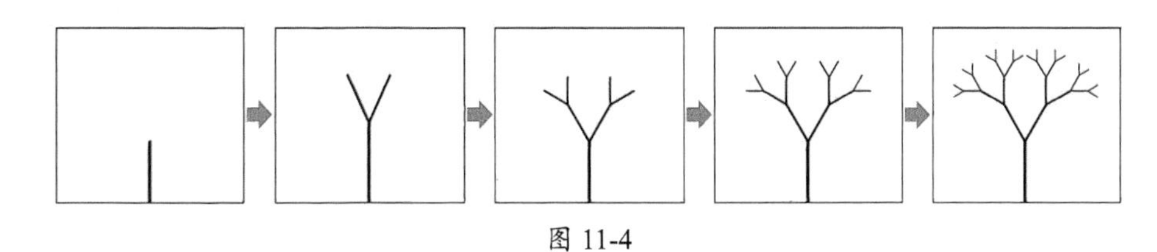

图 11-4

绘制过程可抽象为如下步骤：

1. 绘制一个树干；
2. 绘制其左边的子树干、绘制其右边的子树干；
3. 当到第n代树干时停止生成子树干。

输入并运行以下代码：

sketch_11_2_1.pyde

```
1   def setup():
2       global offsetAngle,bLength # 全局变量
3       size(800, 600) # 设定画布大小
4       offsetAngle = PI/6 # 左右枝干和父枝干偏离的角度
5       bLength = 100 # 枝干长度
6
7   def draw():
8       global offsetAngle,bLength # 全局变量
9       background(255) # 白色背景
10      brunch(width/2,height,-PI/2,1) # 递归调用
11
12  # 枝干生成和绘制递归函数
13  # 输入参数：枝干起始坐标，枝干角度，第几代
14  def brunch(x_start,y_start,angle,generation):
15      # 利用三角函数求出当前枝干的终点x,y坐标
16      x_end = x_start + bLength*cos(angle)
17      y_end = y_start + bLength*sin(angle)
18      line(x_start,y_start,x_end,y_end) #  画出当前枝干（画线）
19
20      childGeneration = generation + 1 # 求出子枝干的代数
21      # 当代数小于等于5，递归调用产生子枝干
```

```
22        if childGeneration<=5:
23            brunch(x_end,y_end,angle+offsetAngle,childGeneration)
24            brunch(x_end,y_end,angle-offsetAngle,childGeneration)
```

定义函数brunch(x_start,y_start,angle,generation)，绘制起点坐标(x_start,y_start)、角度angle、代数generation、枝干长度100的树枝。draw()函数中调用brunch(width/2,height,-PI/2,1)绘制枝干。

brunch()函数内部，首先利用三角函数求出当前枝干的终点坐标(x_end,y_end)，利用line(x_start,y_start,x_end,y_end)绘制当前枝干线条。

```
x_end = x_start + bLength*cos(angle)
y_end = y_start + bLength*sin(angle)
line(x_start,y_start,x_end,y_end)
```

然后对子枝干的代数加1，如果代数小于等于5，则通过递归调用绘制左、右子枝干，两个子枝干的角度在父枝干基础上偏移offsetAngle = PI/6：

```
childGeneration = generation + 1
if childGeneration<=5:
    brunch(x_end,y_end,angle+offsetAngle,childGeneration)
    brunch(x_end,y_end,angle-offsetAngle,childGeneration)
```

如此即可以递归调用，绘制出图11-5所示的图形：

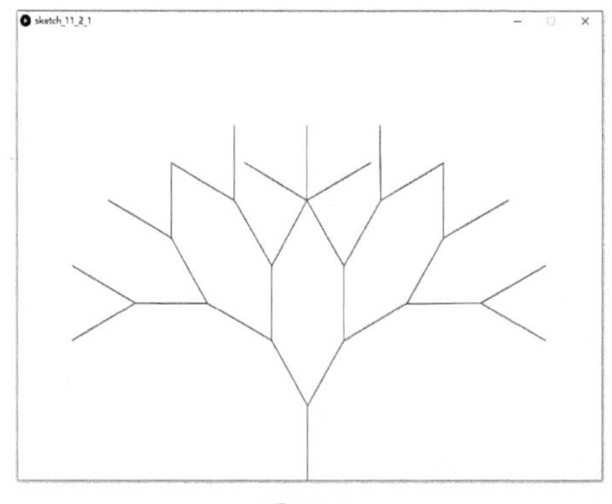

图 11-5

进一步改进代码，为brunch()函数添加两个参数：枝干长度bLength、枝干线条粗细thickness。brunch()函数内部递归调用时，子枝干的长度逐渐变短、子枝干线条逐渐变细（如图11-6所示）：

sketch_11_2_2.pyde

```
1  def setup():
2      global offsetAngle,shortenRate # 全局变量
3      size(800, 600) # 设定画布大小
4      offsetAngle = PI/6 # 左右枝干和父枝干偏离的角度
```

```
5        shortenRate = 0.7 # 左右枝干比父枝干变短的倍数
6
7    def draw():
8        global offsetAngle,shortenRate # 全局变量
9        background(255) # 白色背景
10       brunch(width/2,height,0.4*height*shortenRate,-PI/2,\
11                  15*shortenRate,1) # 递归调用
12
13   # 枝干生成和绘制递归函数
14   # 输入参数：枝干起始坐标，枝干长度，枝干角度，枝干线条宽度，第几代
15   def brunch(x_start,y_start,bLength,angle,thickness,generation):
16       # 利用三角函数求出当前枝干的终点x,y坐标
17       x_end = x_start + bLength*cos(angle)
18       y_end = y_start + bLength*sin(angle)
19       strokeWeight(thickness) # 设定当前枝干线宽
20       stroke(0) # 设定当前枝干颜色 黑色
21       line(x_start,y_start,x_end,y_end) # 画出当前枝干（画线）
22
23       # 求出子枝干的代数
24       childGeneration = generation + 1
25       # 生成左、右子枝干的长度，逐渐变短
26       childLength = shortenRate*bLength
27
28       # 并且代数小于等于10，递归调用产生子枝干
29       if childGeneration<=10:
30           # 生成子枝干的粗细，逐渐变细
31           childThickness = thickness*0.8
32           if childThickness<1:
33               childThickness = 1 # 枝干最细的线宽为1
34           # 产生左右的子枝干
35           brunch(x_end,y_end,childLength,angle+offsetAngle,\
36                           childThickness,childGeneration)
37           brunch(x_end,y_end,childLength,angle-offsetAngle,\
38                           childThickness,childGeneration)
```

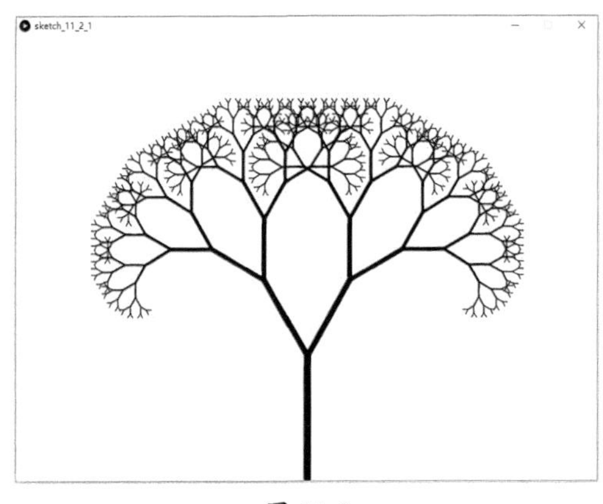

图 11-6

11.3　鼠标交互的分形树

将鼠标的x坐标用于调整子枝干和父枝干之间的偏离角度，鼠标的y坐标用于调整树枝的高度，用户移动鼠标即可以绘制出不同形态的分形树，如图11-7所示。

sketch_11_3_1.pyde（其他代码同sketch_11_2_2.pyde）

```
10          # 鼠标从左到右，左右子枝干偏离父枝干的角度逐渐变大
11          offsetAngle = map(mouseX,0,height,0,PI/3)
12          # 鼠标从上到下，子枝干比父枝干的长度缩短的更快
13          shortenRate = map(mouseY,0,height,0.7,0.3)
```

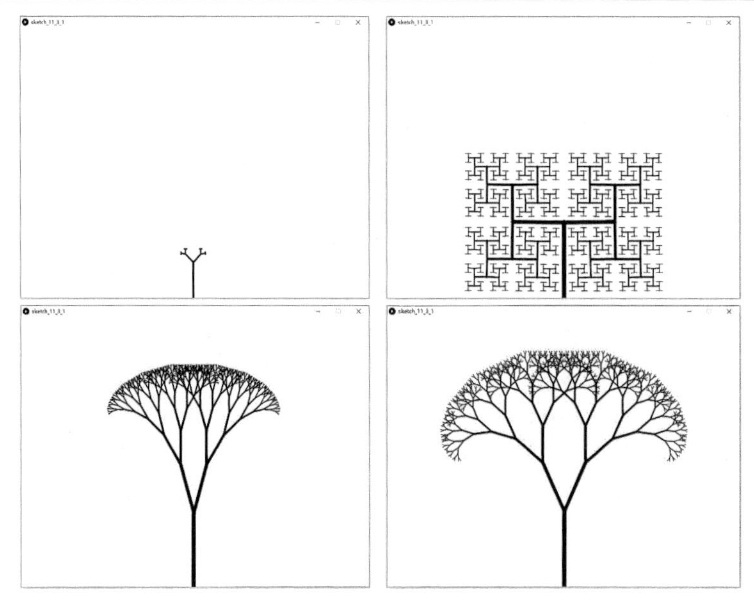

图 11-7

练习11-2：为分形树添加树叶，实现图11-8所示效果。

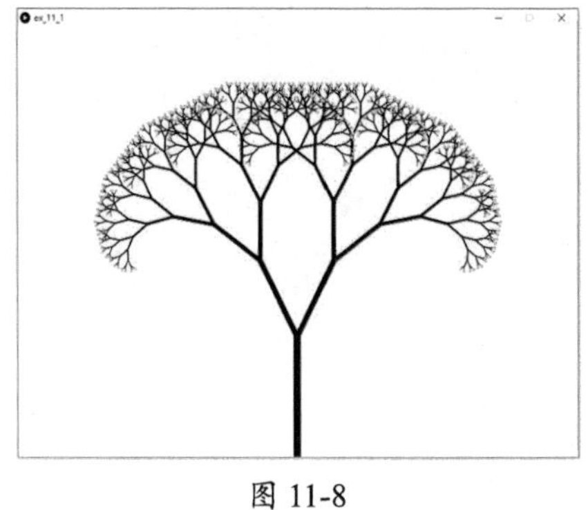

图 11-8

11.4 添加随机性

左、右子枝干的长度逐渐变短，也可以添加一些随机性：

```
# 生成左、右子枝干的长度，逐渐变短，并有一定随机性
childLength = shortenRate*bLength
leftChildLength = childLength*random(0.9,1.1)
rightChildLength = childLength*random(0.9,1.1)
```

子枝干的旋转角度也可以添加一定的随机性：

```
# 左右子枝干的旋转角度也有一定的随机性
leftChildAngle = angle + offsetAngle*random(0.5,1)
rightChildAngle = angle - offsetAngle*random(0.5,1)
```

以添加随机性的参数继续生成子枝干：

```
brunch(x_end,y_end,leftChildLength,leftChildAngle,\
       childThickness,childGeneration)
brunch(x_end,y_end,rightChildLength,rightChildAngle,\
       childThickness,childGeneration)
```

完整代码参看配套资源的sketch_11_4_1.pyde，实现效果如图11-9所示。

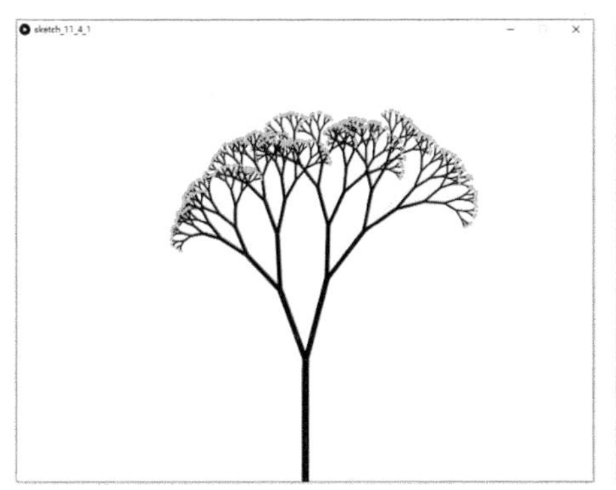

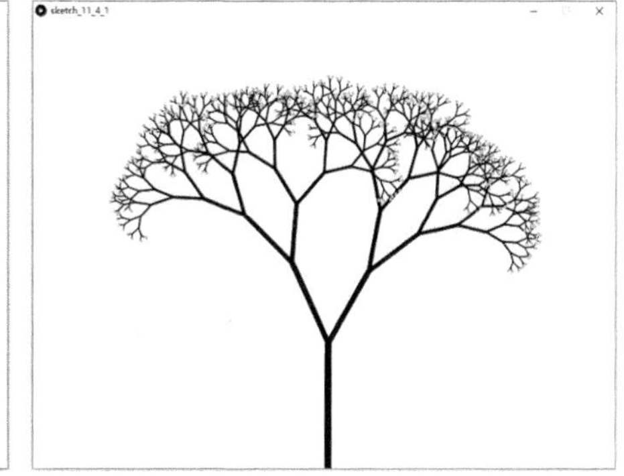

图 11-9

sketch_11_4_1.pyde运行后，程序不断生成随机变化的分形树，画面一直在闪烁。为了解决这一问题，我们可以通过设定随机数种子函数randomSeed(se)，使得draw()函数重复执行时，random()函数生成的随机数序列一致。添加mousePressed()函数，当鼠标点击时，更新随机数种子seed，生成一棵新的随机树：

sketch_11_4_2.pyde

```
1   def setup():
2       global offsetAngle,shortenRate,seed # 全局变量
3       size(800, 600) # 设定画布大小
```

```
4       offsetAngle = PI/6 # 左右枝干和父枝干偏离的角度
5       shortenRate = 0.7 # 左右枝干比父枝干变短的倍数
6       seed=int(random(10000)) # 随机数种子
7
8   def draw():
9       global offsetAngle,shortenRate # 全局变量
10      background(255) # 白色背景
11      # 鼠标从左到右，左右子枝干偏离父枝干的角度逐渐变大
12      offsetAngle = map(mouseX,0,height,0,PI/3)
13      # 鼠标从上到下，子枝干比父枝干的长度缩短的更快
14      shortenRate = map(mouseY,0,height,0.7,0.3)
15      brunch(width/2,height,0.4*height*shortenRate,-PI/2,\
16                    15*shortenRate,1,seed) # 递归调用
17
18  # 枝干生成和绘制递归函数
19  # 枝干起始坐标，枝干长度，枝干角度，枝干线条宽度，第几代，随机数种子
20  def brunch(x_start,y_start,bLength,angle,thickness,generation,se):
21      # 利用三角函数求出当前枝干的终点x,y坐标
22      x_end = x_start + bLength*cos(angle)
23      y_end = y_start + bLength*sin(angle)
24      strokeWeight(thickness) # 设定当前枝干线宽
25      stroke(0) # 设定当前枝干颜色 黑色
26      line(x_start,y_start,x_end,y_end) #  画出当前枝干（画线）
27
28      # 求出子枝干的代数
29      childGeneration = generation + 1
30      # 生成左、右子枝干的长度，逐渐变短，并有一定随机性
31      childLength = shortenRate*bLength
32      randomSeed(se) # 初始化种子,确保random值一样
33      leftChildLength = childLength*random(0.9,1.1)
34      rightChildLength = childLength*random(0.9,1.1)
35
36      # 并且代数小于等于10，递归调用产生子枝干
37      if childGeneration<=10:
38          # 生成子枝干的粗细，逐渐变细
39          childThickness = thickness*0.8
40          if childThickness<1:
41             childThickness = 1 # 枝干最细的线宽为1
42          # 左右子枝干的旋转角度也有一定的随机性
43          leftChildAngle = angle + offsetAngle*random(0.5,1)
44          rightChildAngle = angle - offsetAngle*random(0.5,1)
45          # 产生左右的子枝干
46          brunch(x_end,y_end,leftChildLength,leftChildAngle,\
47                           childThickness,childGeneration,\
48                           se+int(random(childGeneration)))
49          brunch(x_end,y_end,rightChildLength,rightChildAngle,\
50                           childThickness,childGeneration,\
51                           se+int(random(childGeneration)))
52      else:  #  画出最末端的树叶
53          noStroke() # 不绘制线条
```

```
54              fill(0,255,0) # 设定填充颜色 绿色
55              if childLength<=6: # 如果子枝干长度小于6
56                  circle(x_end,y_end,4) # 圆的直径为4（再小就看不清了）
57              else: # 画一个圆，直径为枝干长度一半
58                  circle(x_end,y_end,childLength/2)
59
60      def mousePressed(): # 当鼠标按下时
61          global seed
62          seed=int(random(10000)) # 更新随机数种子
```

练习 11-3：模拟枝干随风轻微晃动的分形树效果。

11.5 小结

这一章主要讲解了函数的递归调用、if-elif-else语句等语法知识，绘制了递归分形树。读者可以参考本章的思路，尝试绘制其他分形图案；应用递归，读者也可以尝试编程解决汉诺塔、扫雷、泡泡龙、迷宫等游戏中的相关问题。

第 12 章 粒子同心圆

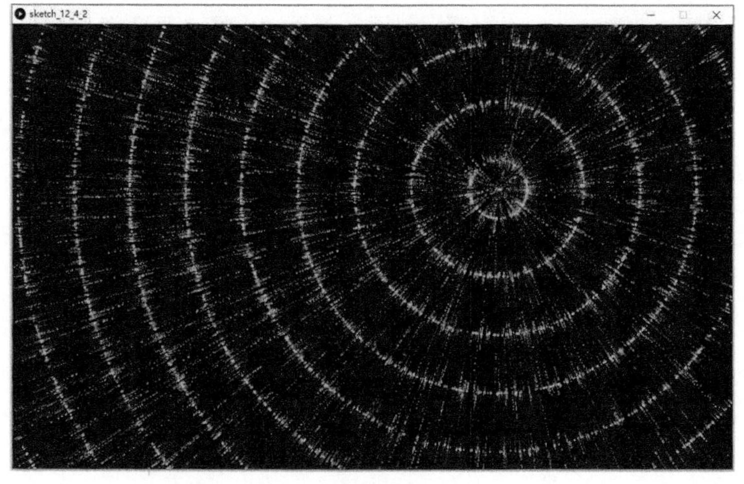

图 12-1

本章我们将实现粒子同心圆，如图12-1所示。首先学习面向对象编程的知识，为粒子类添加成员变量与成员函数；然后实现一个面向对象版本的运动粒子，最终实现粒子移向同心圆的互动效果。

本章案例最终代码一共43行，代码参看“配套资源\第12章\sketch_12_4_2\sketch_12_4_2.pyde”，视频效果参看“配套资源\第12章\粒子同心圆.mp4”。

12.1 类的成员变量

回顾8.4节中用列表实现的多个粒子，程序的可读性比较差。针对这一问题，我们可以利用面向对象的编程方法，首先定义一种叫“类”的数据类型：

```
class Particle: # 定义粒子类
    x = 300 # x坐标
    y = 300 # y坐标
    c = color(250,0,0) # 颜色
    w = 30 # 线条粗细
```

其中关键词class是“类”的英文单词，Particle是定义的类的名字，冒号后面写的是类的成员变量。

定义了Particle类后，我们就可以利用Particle来定义一个对象：

```
pt = Particle() # 定义粒子对象
```

pt可以理解为一种Particle类型的变量，可以通过如下形式访问pt的成员变量：

```
print(pt.x)
pt.y = 100
```

以下代码绘制了一个静止的粒子（如图12-2所示），其中point(x,y)表示在(x,y)处画一个点，点的大小也可以用strokeWeight()函数设定：

sketch_12_1_1.pyde

```
1   class Particle: # 定义粒子类
2       x = 300 # x坐标
3       y = 300 # y坐标
4       c = color(250,0,0) # 颜色
5       w = 30 # 线条粗细
6
7   pt = Particle() # 定义粒子对象
8
9   def setup():
10      size(600, 600) # 设定画布大小
```

```
11
12  def draw():
13      background(30) # 背景黑灰色
14      strokeWeight(pt.w)  # 设置线条粗细
15      stroke(pt.c) # 设置线条颜色
16      point(pt.x, pt.y) # 在对应坐标画一个点
```

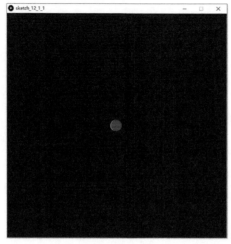

图 12-2

进一步，我们可以定义对象列表，实现多个粒子的绘制：

sketch_12_1_2.pyde

```
1   class Particle: # 定义粒子类
2       x = 300 # x坐标
3       y = 300 # y坐标
4       c = color(250,0,0) # 颜色
5       w = 30 # 线条粗细
6
7   points = [] # 列表，存储所有粒子
8
9   def setup():
10      size(600, 600) # 设定画布大小
11      for i in range(200): # 随机产生200个粒子
12          pt = Particle() # 定义粒子对象
13          pt.x = random(1,width) # x坐标
14          pt.y = random(1,height) # y坐标
15          # 随机颜色
16          pt.c = color(random(150,255),random(150,255),random(150,255))
17          pt.w = random(10,20) # 线条粗细
18          points.append(pt) # 把pt添加到列表中
19
20  def draw():
```

```
21          background(30) # 背景黑灰色
22          for pt in points: # 对所有粒子遍历
23              strokeWeight(pt.w)  # 设置线条粗细
24              stroke(pt.c) # 设置线条颜色
25              point(pt.x, pt.y) # 在对应坐标画一个点
```

和sketch_8_4_2.pyde相比，代码的可读性明显提升，绘制效果如图12-3所示。

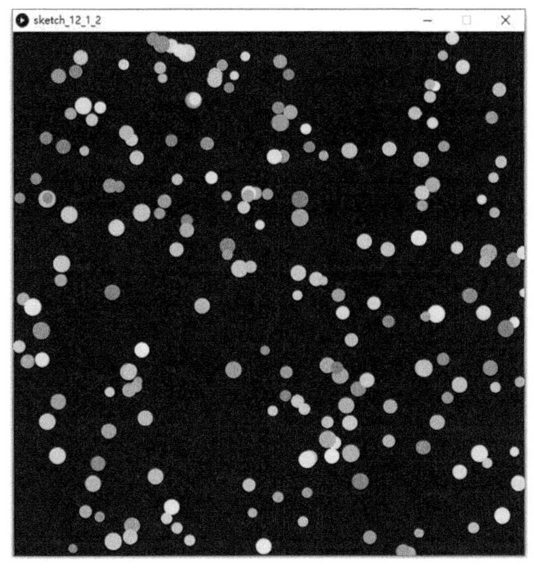

图 12-3

12.2　类的成员函数

类中除了存放成员变量，也可以定义各种函数，比如和小球密切相关的绘制功能。我们可以在Particle中定义一个display ()成员函数，定义格式如下：

```
class Particle: # 定义粒子类
    def display(self):   # 显示成员函数
        strokeWeight(self.w)  # 设置线条粗细
        stroke(self.c) # 设置线条颜色
        point(self.x, self.y) # 在对应坐标画一个点
```

self为默认参数，是自身的意思，成员函数内部可以通过self.x的形式访问成员变量。定义了对象后，调用对象成员函数的格式与访问成员变量类似：

```
pt.display() # 显示粒子
```

我们将和粒子密切相关的数据（变量）、方法（函数）都封装在一起。程序可读性更好，也更符合人们认知事物的习惯。改进后的代码如下：

sketch_12_2_1.pyde

```
1    class Particle: # 定义粒子类
2        x = 300 # x坐标
3        y = 300 # y坐标
4        c = color(250,0,0) # 颜色
5        w = 30 # 线条粗细
6
7        def display(self):   # 显示成员函数
8            strokeWeight(self.w)  # 设置线条粗细
9            stroke(self.c) # 设置线条颜色
10           point(self.x, self.y) # 在对应坐标画一个点
11
12   points = [] # 列表，存储所有粒子
13
14   def setup():
15       size(600, 600) # 设定画布大小
16       for i in range(200): # 随机产生200个粒子
17           pt = Particle() # 定义粒子对象
18           pt.x = random(1,width) # x坐标
19           pt.y = random(1,height) # y坐标
20           # 随机颜色
21           pt.c = color(random(150,255),random(150,255),random(150,255))
22           pt.w = random(10,20) # 线条粗细
23           points.append(pt) # 把pt添加到列表中
24
25   def draw():
26       background(30) # 背景黑灰色
27       for pt in points: # 对所有粒子遍历
28           pt.display() # 显示粒子
```

类有一个特殊的成员函数，叫作构造函数，其在创建对象pt = Particle()时自动调用，使用__init()__作为名称（开头和末尾各有两个下划线）。示例代码如下：

sketch_12_2_2.pyde

```
1    class Particle: # 定义粒子类
2        x = 300 # x坐标
3        y = 300 # y坐标
4        c = color(250,0,0) # 颜色
5        w = 30 # 线条粗细
6
7        def __init__(self): # 构造函数
8            self.x = random(1,width) # x坐标
9            self.y = random(1,height) # y坐标
10           # 随机颜色
```

```
11            self.c=color(random(150,255),random(150,255),random(150,255))
12            self.w = random(10,20) # 线条粗细
13
14        def display(self):   # 显示成员函数
15            strokeWeight(self.w)  # 设置线条粗细
16            stroke(self.c) # 设置线条颜色
17            point(self.x, self.y) # 在对应坐标画一个点
18
19    points = [] # 列表，存储所有粒子
20
21    def setup():
22        size(600, 600) # 设定画布大小
23        for i in range(200): # 随机产生200个粒子
24            pt = Particle() # 定义粒子对象
25            points.append(pt) # 把pt添加到列表中
26
27    def draw():
28        background(30) # 背景黑灰色
29        for pt in points: # 对所有粒子遍历
30            pt.display() # 显示粒子
```

由于粒子的参数都是随机初始化的，因此有了构造函数后，也可以去掉2～5行变量的初始化，完整代码参看sketch_12_2_3.pyde。

12.3 面向对象版本的运动粒子

在上一节代码基础上，首先添加速度成员变量vx、vy，接着添加成员函数update()更新粒子的速度和位置：

sketch_12_3_1.pyde

```
1    class Particle: # 定义粒子类
2        def __init__(self): # 构造函数
3            self.x = random(1,width) # x坐标
4            self.y = random(1,height)  # y坐标
5            self.vx = random(-3,3) # x方向速度
6            self.vy = random(-3,3) # y方向速度
7            # 随机颜色
8            self.c=color(random(0,150),random(150,255),random(150,255))
9            self.w = random(2,5) # 线条粗细
10
11       def display(self):   # 显示成员函数
12           strokeWeight(self.w)  # 设置线条粗细
13           stroke(self.c) # 设置线条颜色
14           point(self.x, self.y) # 在对应坐标画一个点
15
16       def update(self):  # 更新成员函数
17           if self.x<0 or self.x>width:
```

```
18              self.vx = -self.vx # 碰到左右边界处理
19            if self.y<0 or self.y>height:
20              self.vy = -self.vy # 碰到上下边界处理
21            self.x += self.vx # 用速度更新粒子位置
22            self.y += self.vy
23
24    points = [] # 列表，存储所有粒子
25
26    def setup():
27        size(600, 600) # 设定画布大小
28        for i in range(5000): # 随机产生5000个粒子
29            pt = Particle() # 定义粒子对象
30            points.append(pt) # 把pt添加到列表中
31
32    def draw():
33        background(30) # 背景黑灰色
34        for pt in points: # 对所有粒子遍历
35            pt.update() # 更新粒子
36            pt.display() # 显示粒子
```

如此即实现了很多在窗口中运动反弹的例子，如图 12-4 所示。

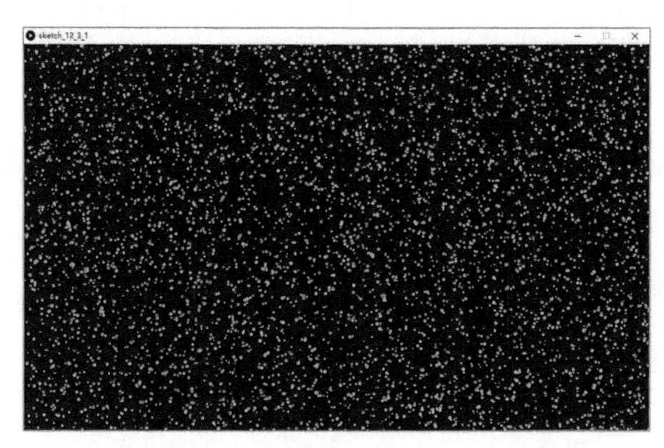

图 12-4

12.4　粒子移向同心圆

修改粒子的 update() 成员函数，让粒子移向圆心坐标为 mouseX、mouseY 的同心圆上（如图 12-5 所示）：

sketch_12_4_1.pyde（其他代码同 sketch_12_3_1.pyde）

```
16        def update(self):  # 更新成员函数
17            dx = mouseX - self.x # 求出当前粒子到鼠标位置的差
18            dy = mouseY - self.y
19            d = dist(self.x,self.y,mouseX,mouseY) # 粒子到鼠标距离
```

```
20            f = cos(d * 0.04) # 计算粒子受力
21            ax = f*dx/d # 用受力产生加速度
22            ay = f*dy/d
23            self.vx = 0.8*self.vx + ax # 用加速度更新速度
24            self.vy = 0.8*self.vy + ay
25            self.x += self.vx # 用速度更新粒子位置
26            self.y += self.vy
```

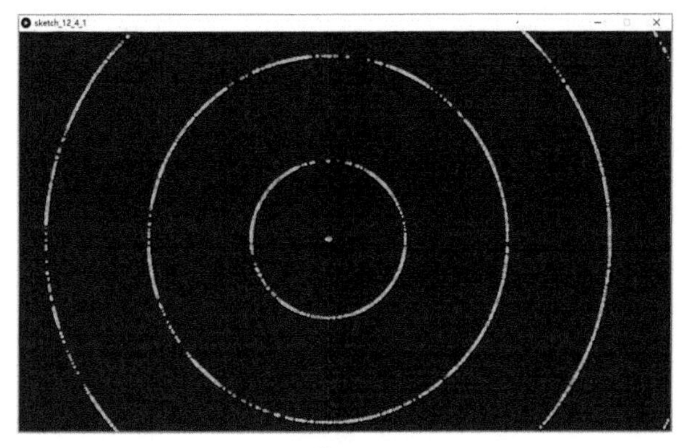

图 12-5

其中函数dist(x1,y1,x2,y2)计算两点(x1,y1)、(x2,y2)之间的距离，d = dist(self.x,self.y,mouseX,mouseY)即为粒子到鼠标位置的距离。

粒子受力f = cos(d*0.04)，由余弦函数的周期性，我们知道粒子受力f也是周期性的；当$d \times 0.04$为$2 \times PI$的整数倍时，f等于0。

参考9.2节中的分析，力产生加速度，加速度影响速度，速度最终影响粒子的位置。在力的作用下，粒子会慢慢向同心圆（相邻同心圆半径相差为$2 \times PI/0.04$）靠近，从而达到图12-5所示的效果。

进一步，在20行添加代码防止d接近0时，出现除以0的问题；在22行对受力f添加扰动，防止粒子运动过于规则；在39行添加半透明绘制的矩形，实现粒子运动的尾迹效果。改进后的代码如下，实现效果如图12-6所示。

sketch_12_4_2.pyde

```
1   class Particle: # 定义粒子类
2       def __init__(self): # 构造函数
3           self.x = random(1,width) # x坐标
4           self.y = random(1,height)  # y坐标
5           self.vx = random(-3,3) # x方向速度
6           self.vy = random(-3,3) # y方向速度
7           # 随机颜色
8           self.c=color(random(0,150),random(150,255),random(150,255))
9           self.w = random(1,2) # 线条粗细
```

```
10
11      def display(self):   # 显示成员函数
12          strokeWeight(self.w)  # 设置线条粗细
13          stroke(self.c) # 设置线条颜色
14          point(self.x, self.y) # 在对应坐标画一个点
15
16      def update(self):  # 更新成员函数
17          dx = mouseX - self.x # 求出当前粒子到鼠标的差
18          dy = mouseY - self.y
19          d = dist(self.x,self.y,mouseX,mouseY) # 粒子到鼠标距离
20          if d < 1: # 防止距离过小，除以0
21              d = 1
22          f = cos(d * 0.04)*random(-20,20) # 计算粒子受力
23          ax = f*dx/d  # 用受力产生加速度
24          ay = f*dy/d
25          self.vx = 0.5*self.vx + ax # 用加速度更新速度
26          self.vy = 0.5*self.vy + ay
27          self.x += self.vx # 用速度更新粒子位置
28          self.y += self.vy
29
30  points = [] # 列表，存储所有粒子
31
32  def setup():
33      size(1000, 600) # 设定画布大小
34      for i in range(5000): # 随机产生5000个粒子
35          pt = Particle() # 定义粒子对象
36          points.append(pt) # 把pt添加到列表中
37
38  def draw():
39      fill(30, 20) # 背景颜色，透明度
40      rect(0,0,width,height) # 画大矩形，产生粒子运动尾迹效果
41      for pt in points: # 对所有粒子遍历
42          pt.update() # 更新粒子
43          pt.display() # 显示粒子
```

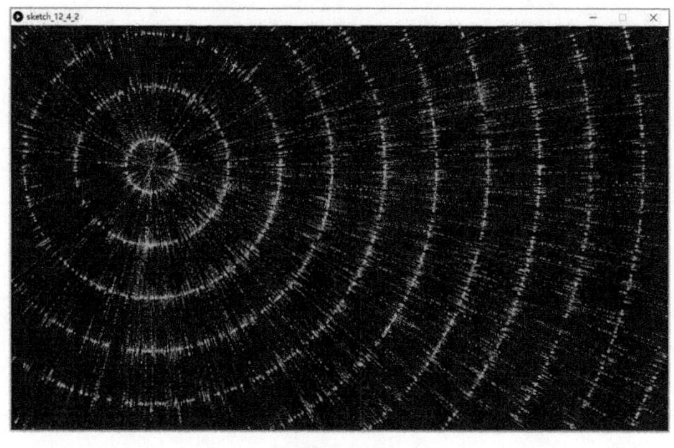

图 12-6

练习12-1：尝试用面向对象的方法，重新实现第9章互相作用的圆球。

12.5　小结

这一章主要介绍了面向对象编程，包括类和对象、成员变量、成员函数、构造函数等概念，利用这些知识实现了粒子同心圆的效果。读者也可以尝试应用面向对象的知识，改进之前章节的案例，使得代码的可读性更好、也更容易实现和扩展。

面向对象编程博大精深，本书通过一个简单案例让读者体会到面向对象编程的好处。想要继续深入的读者可以进一步查阅其他学习资料。

第 13 章 图像像素采样

图 13-1

本章我们将实现图像像素采样的绘制效果，如图13-1所示。首先学习图像文件的读取与显示，获取像素颜色；然后生成马赛克效果，并实现随机采样画圆、均匀采样画圆；最后利用叶序采样的方式，实现风格化图像的自动生成。

本章案例最终代码一共28行，代码参看“配套资源\第13章\sketch_13_6_2\sketch_13_6_2.pyde”，视频效果参看“配套资源\第13章\图像像素采样.mp4”。

13.1 图像文件的读取与显示

在本书的配套电子资源中找到“\第13章\图片\”文件夹。文件夹中存放了本章需要的图片文件，如图13-2所示：

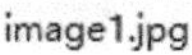

image2.jpg

图 13-2

在对应代码的目录，比如“sketch_13_1_1”下新建子目录“data”，将对应图片复制到“data”目录下。输入并运行以下代码：

sketch_13_1_1.pyde

```
1   def setup():
2       global img # 全局变量
3       size(500, 500) # 画面大小
4       img = loadImage("image1.jpg") # 导入图片文件
5
6   def draw():
7       image(img, 0, 0) # 显示图片对象img
```

通过Windows自带的画图软件打开image1.jpg，可以看到图片的宽度500px、高度500px，size(500, 500)将画面大小设置成图片大小。

img = loadImage("image1.jpg")导入图像文件并赋给img对象，括号内为对应的文件名字符串。

image(img,0,0) 在窗口中显示图片对象 img，默认设置图片左上角在窗口中的坐标为 (0,0)，运行效果如图 13-3 所示。

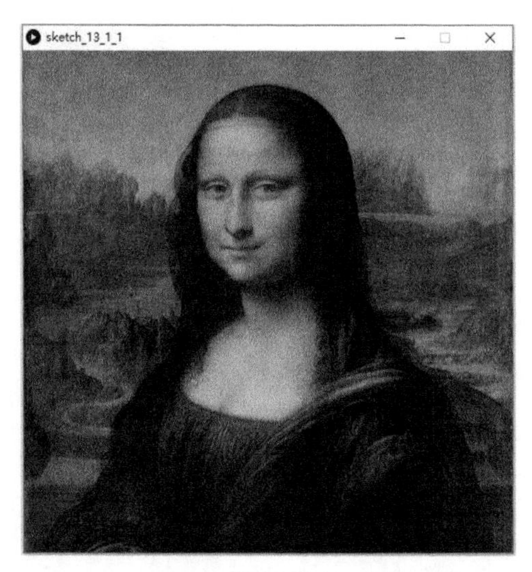

图 13-3

提示 电脑中存储的图像，可以认为由很多小方块组成。小方块是组成图像的最小单元，其内部颜色统一、不可再被分割。image1.jpg 由 500×500 个小方块组成，即可以说该图片的宽度为 500 像素，高度为 500 像素。

13.2　像素颜色的获取

利用下列语句，可以获得图像 (x,y) 位置处像素的颜色：

```
c = img.get(x, y)
```

以下代码以画面中央像素的颜色绘制一个如图 13-4 所示的小方块：

sketch_13_2_1.pyde

```
1  def setup():
2      global img # 全局变量
3      size(500, 500) # 画面大小
4      noStroke() # 不绘制线条
5      img = loadImage("image1.jpg") # 导入图片文件
6
7  def draw():
8      image(img, 0, 0) # 显示图片对象img
```

```
9         x = width/2
10        y = height/2
11        c = img.get(x, y) # 获得(x,y)位置像素的颜色
12        fill(c) # 设置为填充颜色
13        square(x, y, 100) # 画一个小方块
```

图 13-4

13.3 生成马赛克图像

在上一节的基础上，我们对图片的行、列均匀采样，以采样点的颜色绘制方块，可以得到马赛克图像效果（如图13-5所示）：

sketch_13_3_1.pyde

```
1   def setup():
2       global img # 全局变量
3       size(500, 500) # 画面大小
4       noStroke() # 不绘制线条
5       img = loadImage("image1.jpg") # 导入图片文件
6
7   def draw():
8       image(img, 0, 0) # 显示图片对象img
9       xStep = 10 # x方向采样间隔
10      yStep = 10 # y方向采样间隔
11      for x in range(0,width,xStep): # 对x方向采样
12          for y in range(0,height,yStep): # 对y方向采样
13              c = img.get(x, y) # 获得(x,y)位置像素的颜色
14              fill(c) # 设置为填充颜色
15              rect(x,y,xStep,yStep) # 画一个小矩形
```

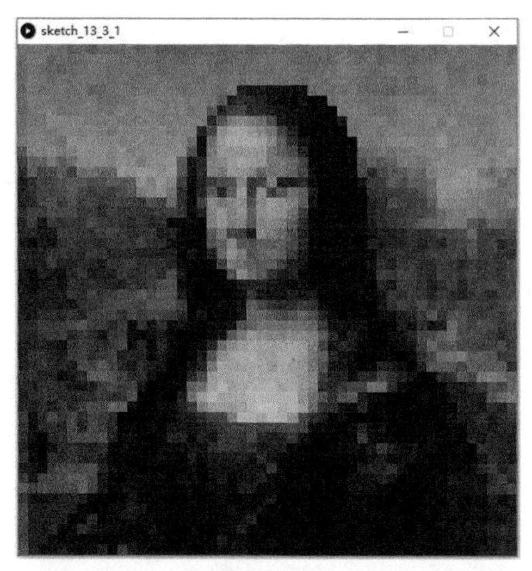

图 13-5

练习13-1：将鼠标的x坐标用于调整x方向采样间隔，鼠标的y坐标用于调整y方向采样间隔，用户移动鼠标可以绘制出不同效果的马赛克图像。

13.4　随机采样画圆

随机选取(x,y)坐标，以图片对应像素的颜色在窗口中对应位置绘制小矩形。配合鼠标移动交互调整，可以实现风格化图片效果，如图13-6所示。

sketch_13_4_1.pyde

```
1   def setup():
2       global img # 全局变量
3       size(500, 500) # 画面大小
4       noStroke() # 不绘制线条
5       background(0) # 黑色背景
6       img = loadImage("image1.jpg") # 导入图片文件
7
8   def draw():
9       xStep = int(map(mouseX,0,width,2,20)) # x方向尺度
10      yStep = int(map(mouseY,0,height,2,20)) # y方向尺度
11      for i in range(50): # 每次50个随机采样点
12          x = int(random(width)) # 随机x坐标
13          y = int(random(height)) # 随机y坐标
14          c = img.get(x, y) # 获得(x,y)位置像素的颜色
15          fill(c) # 设置为填充颜色
16          rect(x, y, xStep,yStep) # 画一个小矩形
```

图 13-6

除了绘制矩形外，也可以利用ellipse()函数绘制一个小椭圆：

sketch_13_4_2.pyde（其他代码同sketch_13_4_1.pyde）

```
16            ellipse(x,y,xStep,yStep) # 画一个小椭圆
```

ellipse(x,y,xStep,yStep)表示在(x,y)处绘制一个宽度为xStep、高度为yStep的椭圆，绘制效果如图13-7所示。

图 13-7

13.5 均匀采样画圆

本节实现均匀采样画圆。采样像素点的亮度越高，则圆的直径越小：

sketch_13_5_1.pyde

```
1	def setup():
2	    global img # 全局变量
3	    size(500, 500) # 画面大小
4	    noStroke() # 不绘制线条
5	    img = loadImage("image2.jpg") # 导入图片文件
6	
7	def draw():
8	    background(255)  # 白色背景
9	    step = int(map(mouseX,0,width,1,20)) # 采样间隔
10	    for x in range(0,width,step): # 对x方向采样
11	        for y in range(0,height,step): # 对y方向采样
12	            c = img.get(x, y) # 获得(x,y)位置像素的颜色
13	            fill(c) # 设置为填充颜色
14	            bright = brightness(c) # 当前像素的亮度值
15	            diameter = map(bright,0,255,step,0.5) # 越亮直径越小
16	            circle(x,y,diameter) # 画一个小圆
```

step = int(map(mouseX,0,width,1,20)) 将鼠标的 x 坐标映射为采样间隔大小。

c = img.get(x, y) 获得 (x,y) 位置像素的颜色，函数 brightness(c) 获得颜色 c 的亮度值，并赋给 bright 变量。

diameter = map(bright,0,255,step,0.1) 将 [0,255] 范围的 bright 值映射到 [step, 0.1]，即像素越亮，圆直径越小；像素越暗，圆直径越大。circle(x,y, diameter) 以 diameter 为直径在采样点处画圆，得到图 13-8 所示的效果。

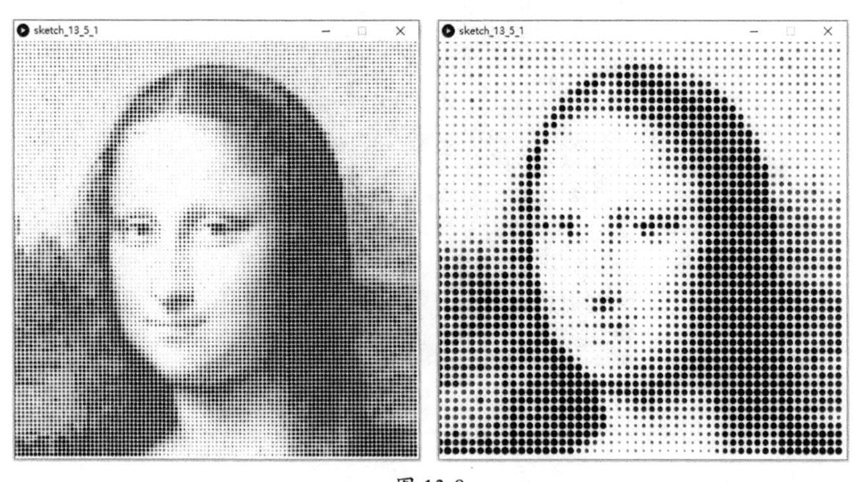

图 13-8

进一步，将鼠标的 y 坐标映射为绘制圆圈直径的缩放比例：

```
ration = map(mouseY,0,height,0.5,2) # 直径缩放比例
```

将bright的值从[0,255]映射到[step*ration,0.5]，赋给diameter变量：

```
diameter = map(bright, 0,255,step*ration,0.5) # 越亮直径越小
```

如此即可以实现更加丰富多变的绘制效果，更多绘制效果如图13-9所示，完整代码参看sketch_13_5_2.pyde。

图 13-9

Python中除了for循环语句，也可以使用while循环语句，输入并运行以下代码：

sketch_13_5_3.pyde

```
1    i = 1
2    while i<=3:
3        print(i)
4        i = i+1
```

输出：

while i<=3: 表示当i<=3为真时，while中的语句循环运行。

程序开始时i取1，i<=3为真，因此运行print(i)，输出“1”，继续执行i=i+1，则i被赋值为2；

继续判断，i<=3为真，因此运行print(i)，输出“2”，继续执行i=i+1，i被

赋值为3；

继续判断，i<=3为真，因此运行print(i)，输出“3”，继续执行i=i+1，i被赋值为4；

继续判断，i<=3为假，因此结束while语句，程序结束。

以下代码利用while语句，输出10以内的所有偶数：

sketch_13_5_4.pyde

```
1   i = 0
2   while i<=10:
3       print(i)
4       i = i+2
```

运行后输出：

```
0
2
4
6
8
10
```

要用循环语句处理的问题，一般既可以用for语句，也可以用while语句。以下代码分别用for、while语句求解1+2+3+……+100的值：

sketch_13_5_5.pyde

```
1   s = 0
2   for i in range(1,101):
3       s = s+i
4   print(s)
5
6   i = 1
7   s = 0
8   while i<=100:
9       s = s+i
10      i = i+1
11  print(s)
```

运行后输出：

练习13-2：分别利用for、while语句求解1×1+2×2+3×3+……+50×50

的值。

提示 for语句一般用于已知循环次数的情况，而对于循环次数未知的情形，则一般使用while循环语句。读者可以尝试用while语句改进ex_10_3.pyde中for语句均匀采样的云朵效果。

13.6 叶序采样画圆

自然界中很多植物的叶子形状具有一定的规律，如图13-10所示：

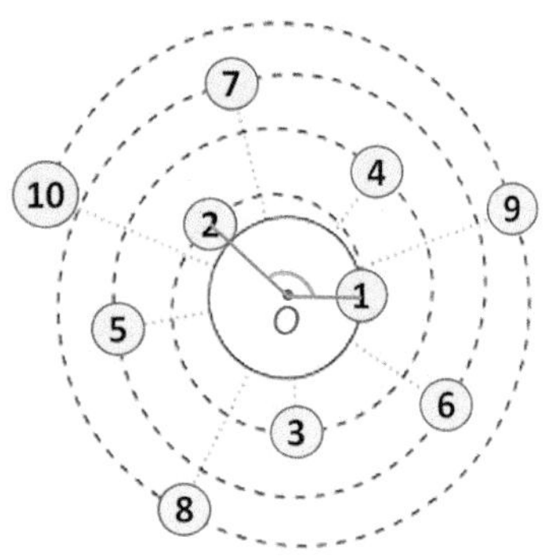

图 13-10

假设植物依次生长出的叶子末端序号分别为1、2、3、4、5……，则叶子末端到中心点O的长度逐渐增加，且前后叶子末端和中心点的夹角约为222.5度（360度乘以黄金分割比）。这样的好处是在有限的空间内尽量减少叶子间的遮挡以增大采光面积。读者也可以搜索斐波那契叶序（Fibonacci phyllotaxis），找到更多植物叶序图片。

以下代码在叶序采样点处绘制小圆点：

sketch_13_6_1.pyde

```
1    def setup():
2        global img,goldenRatioAngle # 全局变量
3        goldenRatioAngle = ((sqrt(5)-1)/2)*360 # 黄金分割比乘以360度
4        noStroke() # 不绘制线条
5        size(500, 500) # 画面大小
6
7    def draw():
8        background(255)  # 白色背景
9        center_x = width/2 # 画面中心
10       center_y = height/2
```

```
11        id = 0 # 叶序采样点的序号
12        radius = 1 # 初始半径（采样点到画面中心的距离）
13        radiusStep = map(mouseX,0,height,5,1) # 半径增加的步长
14        while radius<=width/2: # 当半径小于画面宽度一半时
15            degree = id*goldenRatioAngle # 当前采样点和中心连线的角度
16            angle = radians(degree%360) # 转换为弧度
17            radius = sqrt(id) * radiusStep  # 采样点到中心的距离，逐渐增加
18            x = center_x + radius*cos(angle) # 求出当前采样点的坐标
19            y = center_y + radius*sin(angle)
20            fill(0) # 填充黑色
21            circle(x,y,3) # 画一个小圆
22            id += 1 # 采样点序号加1
```

序号为id的采样点到画面中心的距离radius逐渐增大，采样点和画面中心连线的角度degree每次增加goldenRatioAngle（黄金分割比乘以360度）。

由于采样点的个数不确定、循环次数不明确，更适合使用while语句。当radius达到width/2时，循环停止，绘制效果如图13-11所示。

图 13-11

将叶序采样应用于图像采样，完整代码如下，实现效果如图13-12所示。

sketch_13_6_2.pyde

```
1   def setup():
2       global img,goldenRatioAngle # 全局变量
3       goldenRatioAngle = ((sqrt(5)-1)/2)*360 # 黄金分割比乘以360度
4       noStroke() # 不绘制线条
5       size(500, 500) # 画面大小
6       img = loadImage("image2.jpg") # 导入图片文件
7
```

```
8    def draw():
9        background(255)  # 白色背景
10       center_x = width/2 # 画面中心
11       center_y = height/2
12       id = 0 # 叶序采样点的序号
13       radius  = 1 # 初始半径（采样点到画面中心的距离）
14       radiusStep = map(mouseX,0,height,5,1) # 半径增加的步长
15       maxDiameter = map(mouseY,0,width,1,6) # 画圆的最大直径
16   
17       while radius<=width/2: # 当半径小于画面宽度一半时
18           degree = id*goldenRatioAngle # 当前采样点和中心连线的角度
19           angle = radians(degree%360) # 转换为弧度
20           radius = sqrt(id) * radiusStep  # 采样点到中心的距离，逐渐增加
21           x = center_x + radius*cos(angle) # 求出当前采样点的坐标
22           y = center_y + radius*sin(angle)
23           c = img.get(int(x), int(y))  # 当前采样像素的颜色
24           fill(c) # 设置为填充颜色
25           bright = brightness(c) # 当前像素的亮度值
26           diameter = map(bright,0,255,maxDiameter,1) # 越亮直径越小
27           circle(x,y,diameter) # 画一个小圆
28           id += 1  # 采样点序号加1
```

图 13-12

练习13-3：修改sketch_13_6_2.pyde，使得采样图案最外围边缘光滑，如图13-13所示。

图 13-13

13.7　小结

这一章主要介绍了while循环语句，讲解了图像的基本概念，利用这些知识实现了图像像素采样。读者也可以利用图像作为基本元素，制作出更加丰富有趣的互动效果。

第 14 章 定制字符画

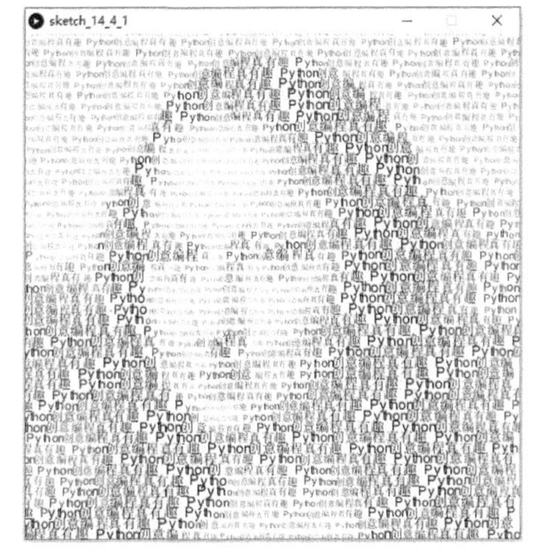

图 14-1

本章我们将实现定制字符画的效果，如图 14-1 所示。首先对图片均匀采样、显示字符；然后对字符串的元素进行遍历，实现一段文字的替换显示；最后根据字体大小调整采样位置，并添加一定的随机性。

本章案例最终代码一共34行，代码参看“配套资源\第14章\sketch_14_4_1\sketch_14_4_1.pyde”，视频效果参看“配套资源\第14章\定制字符画.mp4”。

14.1　均匀采样图片显示文字

在本书的配套电子资源中找到“\第14章\图片”文件夹。文件夹中存放了本章需要的图片文件，如图 14-2 所示：

image1.jpg

image2.jpg

图 14-2

在对应代码的目录，比如“sketch_14_1_1”下新建子目录“data”，将对应图片复制到“data”目录下。输入以下代码：

sketch_14_1_1.pyde

```
1    def setup():
2        global img # 全局变量
3        img = loadImage("image1.jpg") # 导入图片文件
4        size(500, 500) # 画面大小
5        myFont=createFont("simsun.ttc",13) # 导入宋体，设置字体大小
6        textFont(myFont) # 设置文字字体
7        textAlign(CENTER) # 文字居中对齐
8
9    def draw():
10       background(255) # 白色背景
11       step = 13 # 采样间隔
12       for y in range(0,height,step): # 对y方向采样
13           for x in range(0,width,step): # 对x方向采样
14               c = img.get(int(x), int(y)) # 获得这个采样点的颜色
15               fill(c) # 设置文字颜色
16               letter = u"哈" # 对应文字
17               text(letter, x, y) # 在对应位置显示文字
```

程序对图像均匀采样，并用6.7节的方法在采样点处显示文字，效果如图14-3所示。

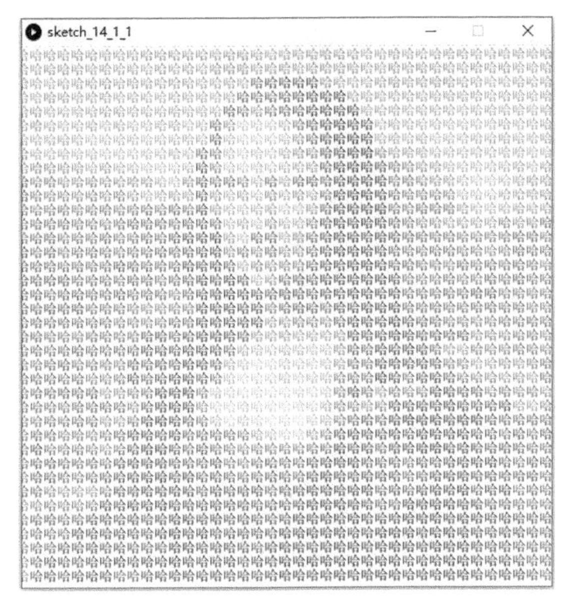

图 14-3

14.2 均匀采样显示一段文字

输入并运行以下代码：

sketch_14_2_1.pyde

```
1   string = u"你好世界"
2   print(string)
3
4   for i in range(len(string)):
5       print(string[i])
```

输出：

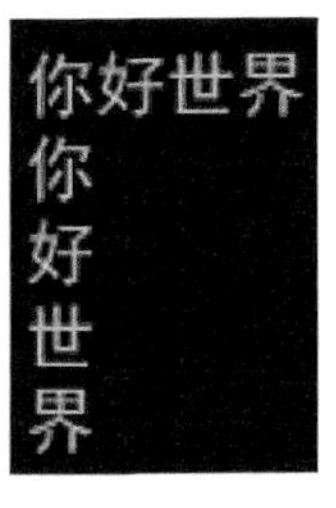

string = u"你好世界"将字符串常量赋给变量string，print(string)输出整个字符串：

你好世界

len(string)可以获得字符串的字符个数，string[i]获得字符串的第i个元素，利用for循环可以依次输出字符串string的各个元素：

修改sketch_14_1_1.pyde，可以实现用一段文字替换图片像素的绘制效果：

sketch_14_2_2.pyde

```
1   def setup():
2       global img,string # 全局变量
3       img = loadImage("image1.jpg") # 导入图片文件
4       size(500, 500) # 画面大小
5       myFont=createFont("simsun.ttc",13) # 导入宋体，设置字体大小
6       textFont(myFont) # 设置文字字体
7       textAlign(CENTER) # 文字居中对齐
8       string = u"Python创意编程真有趣" # 要显示的字符串
9
10  def draw():
11      background(255) # 白色背景
12      stringId = 0 # string中要显示的字符序号
13      step = 13 # 采样间隔
14      for y in range(0,height,step): # 对y方向采样
15          for x in range(0,width,step): # 对x方向采样
16              c = img.get(int(x), int(y)) # 获得这个采样点的颜色
17              fill(c) # 设置文字颜色
18              letter = string[stringId] # 取对应字符序号的字符
19              text(letter, x, y) # 在对应位置显示文字
20              stringId += 1 # 对应序号加1
21              if stringId > len(string)-1: #字符序号超出范围
22                  stringId = 0 # 重新设为0
```

setup()函数中，string = u"Python创意编程真有趣"为要显示的字符串。

draw()函数中，stringId存储string中要显示字符的序号，并初始化为0。letter = string[stringId]取对应字符序号的字符，并用text()函数显示。随着采样的进行，stringId加1；当其大于len(string)−1时，再将其设为0。如此即实现

了一段文字在图像中的不断显示，实现效果如图 14-4 所示。

图 14-4

14.3 调整均匀采样位置

由于不同字符的宽度不一样，sketch_14_2_2.pyde 中均匀间隔采样会导致图 14-4 中字符疏密不均的效果。

为了解决这一问题，利用 textWidth(letter) 函数获得字符的宽度，每一个采样点的 x 坐标在前一个基础上增加 textWidth(letter)，如此即可以实现更加均匀的字符画效果。当循环次数不确定时，可以使用 while 语句。

实现代码如下，绘制效果如图 14-5 所示。

sketch_14_3_1.pyde（其他代码同 sketch_14_2_2.pyde）

```
10  def draw():
11      background(255) # 白色背景
12      stringId = 0 # string中要显示的字符序号
13      step = 13 # 采样间隔
14      y = 0 # y坐标从0开始
15      while y<=height: # 当y坐标不超过height时循环
16          x = 0 # 每一行，x坐标从0开始
17          while x<=width: # 当x坐标不超过width时循环
18              c = img.get(int(x), int(y)) # 获得这个采样点的颜色
19              fill(c) # 设置文字颜色
20              letter = string[stringId] # 取对应序号的文字
21              text(letter, x, y) # 在对应位置上显示文字
```

```
22                  stringId += 1 # 对应字符序号加1
23                  if stringId > len(string)-1: # 字符序号超出范围
24                      stringId = 0 # 重新设为0
25                  x += textWidth(letter) # x坐标向右，跨过文字宽度
26              y += step # 一行处理好后，y坐标增加
```

图 14-5

进一步添加添加变量space控制文字不同行之间的间距大小，step、space的大小均可以由鼠标移动控制：

```
step = int(map(mouseX,0,width,5,20)) # 鼠标左右位置设置文字大小
space = map(mouseY,0,height,0,step/2) # 鼠标上下位置设置文字行间距离
```

textSize()函数可以设置文字大小，参考13.5节的方法，采样点像素越亮，文字越小；像素越暗，文字越大：

```
bright = brightness(c) # 当前像素的亮度值
ts = map(bright, 0,255,step*1.5,step*0.5) # 越暗，文字显示的越大
textSize(ts) # 设置文字大小
```

实现代码如下，绘制效果如图14-6所示。

sketch_14_3_2.pyde（其他代码同sketch_14_3_1.pyde）

```
10  def draw():
11      background(255) # 白色背景
12      stringId = 0 # string中要显示的字符序号
13      step = int(map(mouseX,0,width,5,20)) # 鼠标左右位置设置文字大小
14      space = map(mouseY,0,height,0,step/2)#鼠标上下位置设置文字行间距离
```

```
15        y = 0 # y坐标从0开始
16        while y<=height: # 当y坐标不超过height时循环
17            x = 0 # 每一行，x坐标从0开始
18            while x<=width: # 当x坐标不超过width时循环
19                c = img.get(int(x), int(y)) # 获得这个采样点的颜色
20                fill(c) # 设置文字颜色
21                bright = brightness(c) # 当前像素的亮度值
22                ts = map(bright, 0,255,step*1.5,step*0.5) # 越暗文字越大
23                textSize(ts) # 设置文字大小
24                letter = string[stringId] # 取对应序号的文字
25                text(letter, x, y) # 在对应位置上显示文字
26                stringId += 1 # 对应字符序号加1
27                if stringId > len(string)-1: # 字符序号超出范围
28                    stringId = 0 # 重新设为0
29                x += textWidth(letter) # x坐标向右，跨过文字宽度
30            y += step + space  # 一行处理好后，y坐标增加
```

图 14-6

14.4 添加随机性

为了防止避免字符画的采样过于均匀，为x、y坐标添加一定的随机性：

sketch_14_4_1.pyde

```
1   def setup():
2       global img,string # 全局变量
3       img = loadImage("image2.jpg") # 导入图片文件
4       size(500, 500) # 画面大小
5       myFont=createFont("simsun.ttc",13) # 导入宋体，设置字体大小
```

```
6        textFont(myFont) # 设置文字字体
7        textAlign(CENTER) # 文字居中对齐
8        string = u"Python创意编程真有趣 " # 要显示的字符串
9
10   def draw():
11       background(255) # 白色背景
12       stringId = 0 # string中要显示的字符序号
13       step = int(map(mouseX,0,width,5,20)) # 鼠标左右位置设置文字大小
14       space = map(mouseY,0,height,0,step/2)#鼠标上下位置设置文字行间距离
15       y = 0 # y坐标从0开始
16       while y<=height: # 当y坐标不超过height时循环
17           x = space*noise(100+0.1*y) # 每一行x坐标从随机位置开始
18           while x<=width: # 当x坐标不超过width时循环
19               yNoise = noise(0.1*x,0.1*y)*space*2 # y坐标加一些随机扰动
20               c = img.get(int(x), int(y+yNoise)) # 获得这个采样点的颜色
21               fill(c) # 设置文字颜色
22               bright = brightness(c) # 当前像素的亮度值
23               ts = map(bright, 0,255,step*1.5,step*0.5) # 越暗文字越大
24               textSize(ts) # 设置文字大小
25               letter = string[stringId] # 取对应序号的文字
26               text(letter, x, y+yNoise) # 在对应位置上显示文字
27               stringId += 1 # 对应字符序号加1
28               if stringId > len(string)-1: # 字符序号超出范围
29                   stringId = 0 # 重新设为0
30                   # 每次字符串结束后空随机大小
31                   x += 2*space*noise(100+0.1*x,100+0.1*y)
32               # x坐标向右，跨过文字宽度，有一定随机性
33               x += textWidth(letter) + 0.5*space*noise(0.1*x,0.1*y)
34           y += step + space # 一行处理好后，y坐标增加
```

上述代码可以得到更加自然的字符画效果，实现效果如图 14-7 所示。

图 14-7

练习 14-1：尝试利用 scale(2) 函数将字符画放大一倍，提高分辨率以显示更清晰的文字，如图 14-8 所示。

图 14-8

练习 14-2：尝试看 reference 帮助文档学习 loadStrings() 函数的用法，从“\ex_14_2\data”目录下的“观书有感.txt”文件中读取字符串，并将这首古诗的文字用于生成字符画，效果如图 14-9 所示。

图 14-9

14.5　小结

这一章主要介绍了字符串元素的遍历、文字大小的设置，利用这些知识实现了定制字符画。除了利用字符，读者也可以尝试把一些小图片作为绘制基本元素，来逼近另一张图片的显示效果。

第 15 章 音乐可视化

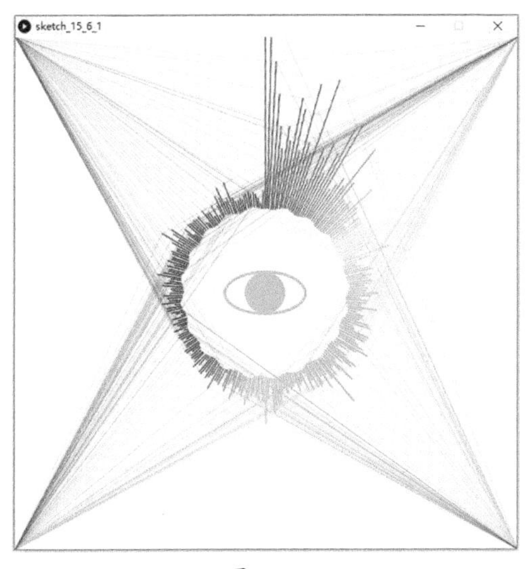

图 15-1

本章我们将实现音乐可视化的效果，如图15-1所示。首先学习Minim库的下载配置，并利用Minim库播放音乐文件、绘制音乐音量波形；然后将声音转换到频域，学习音乐频谱波形的绘制，并实现圆圈射线频谱波形的效果；最后添加射灯连线、变大变小的眼睛，并学习实时声音信号的输入。

本章案例最终代码一共60行，代码参看“配套资源\第15章\sketch_15_6_1\ sketch_15_6_1.pyde”，视频效果参看“配套资源\第15章\音乐可视化.mp4”。

15.1　利用 Minim 库播放音乐

Python之所以功能强大，一个原因就是有大量功能强大的库。安装好这些库后即可使用其中的功能。在Processing中，选择“速写本”—“引用库文件”—“添加库文件”，如图15-2所示。

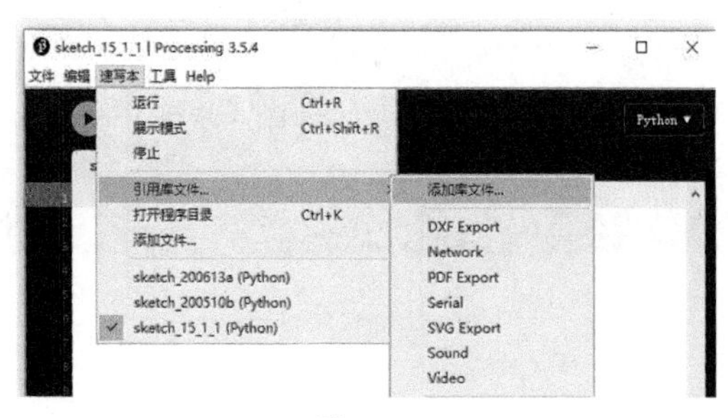

图 15-2

在弹出的窗口中，输入“minim”，选择中间对应的Minim库，点击“Install”，Processing自动下载安装，如图15-3所示。利用Minim库可以对音频进行播放、记录、分析、合成等处理。

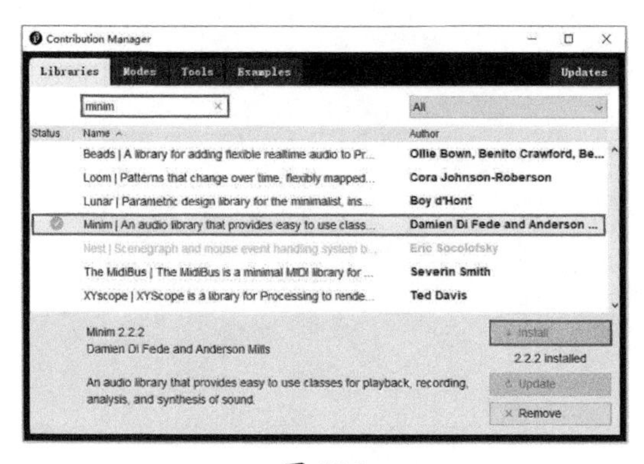

图 15-3

在本书的配套电子资源中找到“\第15章\音乐”文件夹。文件夹中存放了本章需要的两个音乐文件：“music1.mp3”和“music2.mp3”。

在对应代码的目录，比如“sketch_15_1_1”下新建子目录“data”，将对应的音乐文件复制到“data”目录下。输入以下代码，运行后就可以播放“music1.mp3”音乐文件：

sketch_15_1_1.pyde

```
1  add_library("minim") # 导入minim库
2  minim = Minim(this) # 创建minim对象
3
4  def setup():
5      player = minim.loadFile("music1.mp3") # 读取音乐文件
6      player.play() # 播放音乐
7
8  def draw():
9      return # 返回
```

以下两行代码进行minim库的导入和对象的初始化：

```
add_library("minim") # 导入minim库
minim = Minim(this) # 创建minim对象
```

函数minim.loadFile()读入对应的音乐文件：

```
player = minim.loadFile("music1.mp3") # 读取音乐文件
```

使用函数player.play()就可以播放一次当前音乐文件了：

```
player.play() # 播放音乐
```

要想循环播放“music2.mp3”文件，可以修改代码如下：

sketch_15_1_2.pyde（其他代码同sketch_15_1_1.pyde）

```
4  def setup():
5      player = minim.loadFile("music2.mp3") # 读取音乐文件
6      player.loop() # 音乐循环播放
```

15.2 绘制音乐波形

声音是由物体振动引起的，物体振动时具有一定的频率高低、振动强弱，声音可视化的信息来源之一便是音频的响度。以下代码设定音乐响度高时，图像的起伏大；响度低时，图像的起伏小：

sketch_15_2_1.pyde

```
1  add_library("minim") # 导入minim库
```

```
2     minim = Minim(this) # 创建minim对象
3
4     def setup():
5         global player # 全局变量
6         size(800, 400) # 画面大小
7         player = minim.loadFile("music1.mp3") # 读取音乐文件
8         player.loop() # 音乐循环播放
9
10    def draw():
11        background(255) # 白色背景
12        musicSize = player.left.size() # 左声道音频长度
13        for i in range(musicSize): # 对所有音频信号遍历
14            # 把音频信号序号i映射为x坐标
15            x = map(i,0,musicSize-1,0,width)
16            # 把音频信号强度映射为y坐标
17            y = map(player.left.get(i),-1,1,0,height)
18            point(x,y) # 绘制一个点
```

其中musicSize = player.left.size()获得当前小段左声道音频的长度。

for循环语句中，i从0到musicSize−1遍历，x = map(i,0,musicSize-1,0,width)把[0,musicSize-1]范围的音频信号序号i映射为[0,width]范围的x坐标。

player.left.get(i)获得左声道的瞬时响度大小，得到的数值在−1和1之间，为0表示静音，越远离0表示声音越响。y = map(player.left.get(i),-1,1,0,height)把[−1,1]范围的音频瞬时响度映射为[0,height]范围的y坐标。

在(x,y)坐标处绘制点，即绘制出了反应音乐响度变化的音乐波形，如图15-4所示。

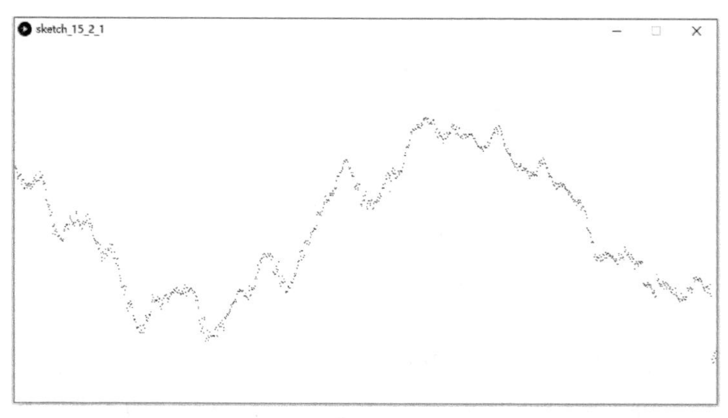

图 15-4

进一步，将图15-4中的点依次连线，即可绘制出图15-5所示的音乐波形：

sketch_15_2_2.pyde（其他代码同sketch_15_2_1.pyde）

```
10  def draw():
11      background(255) # 白色背景
12      musicSize = player.left.size() # 左声道音频长度
13      for i in range(musicSize-1): # 对所有音频信号遍历
14          # 把音频信号序号i映射为x坐标
15          x1 = map(i,0,musicSize-1,0,width)
16          x2 = map(i+1,0,musicSize-1,0,width)
17          # 把音频信号强度映射为y坐标
18          y1 = map(player.left.get(i),-1,1,0,height)
19          y2 = map(player.left.get(i+1),-1,1,0,height)
20          line(x1,y1,x2,y2) # 绘制连线
```

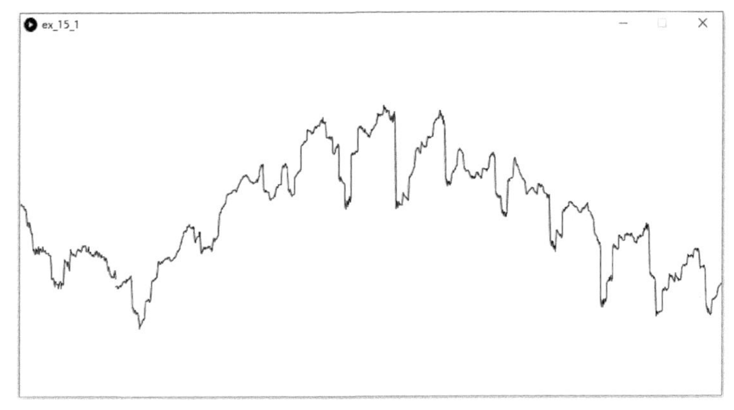

图 15-5

进一步，我们希望实现响度越大时，对应画线的线条越粗、颜色越红，实现更有特色的音乐波形可视化效果，如图15-6所示。

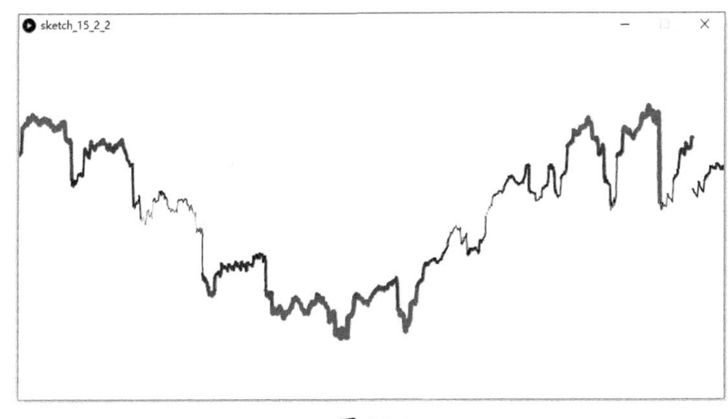

图 15-6

实现代码如下：

sketch_15_2_3.pyde（其他代码同sketch_15_2_2.pyde）

```
20            loudness = abs(player.left.get(i)) # 当前音频响度的绝对值
21            sw = map(loudness,0,1,0.2,10) #声音越响，线越粗
22            strokeWeight(sw)  # 设置画线粗细
23            r = map(loudness,0,0.5,1,255) #声音越响，线越红
24            stroke(r,0,0) # 设置画线颜色
25            line(x1,y1,x2,y2) # 绘制连线
```

其中abs()为求绝对值函数，任何一个正数的绝对值是其自身，负数的绝对值是其自身乘以-1。

sketch_15_2_4.pyde

```
1   x = 0.3
2   y = -0.8
3   print(abs(x))
4   print(abs(y))
```

运行程序，输出：

```
0.3
0.8
```

因此sketch_15_2_3.pyde中，loudness = abs(player.left.get(i))的取值范围在[0,1]之间，数值越大表示当前声音越响。

设定画线粗细sw = map(loudness,0,1,0.2,10)，则声音越响，线越粗；设定画线颜色的红色分量r = map(loudness,0,0.5,1,255)，则声音越响，线颜色越红。

练习15-1：尝试绘制出图15-7所示的音乐波形效果。

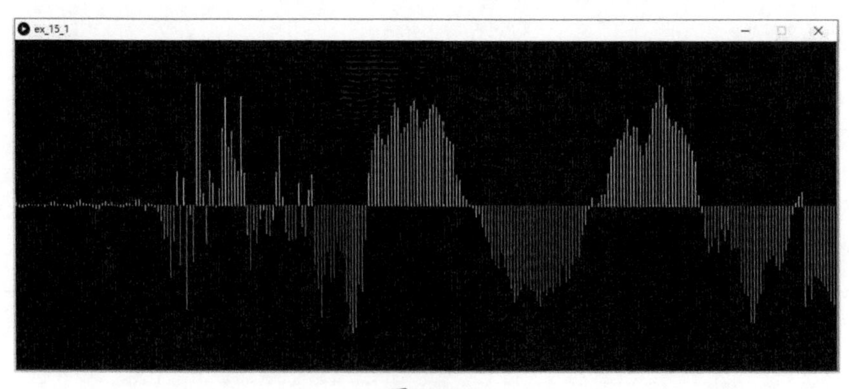

图 15-7

15.3 绘制音乐频谱波形

这一节，我们将音频信号变换到频域，并进行可视化：

sketch_15_3_1.pyde

```
1   add_library("minim") # 导入minim库
2   minim = Minim(this) # 创建minim对象
3
4   def setup():
5       global player,fft,fftScale # 全局变量
6       size(1024, 400) # 画面大小
7       player = minim.loadFile("music2.mp3") # 读取音乐文件
8       player.loop() # 音乐循环播放
9       fft = FFT(player.bufferSize(), player.sampleRate()) # 变换到频域
10      fftScale = 30 # 显示放大倍数
11      frameRate(30) # 设定帧率
12
13  def draw():
14      background(255) # 白色背景
15      fft.forward(player.mix) # 处理下一段音频信号
16      specLength = fft.specSize() # 这一段频谱信号长度
17      for i in range(specLength): # 对所有频谱信号遍历
18          # 把频谱信号序号i映射为x坐标
19          x = map(i,0,specLength-1,0,width)
20          # 把频谱信号强度映射为y坐标
21          y = height - fft.getBand(i)*fftScale
22          line(x,height,x,y) # 绘制连线
```

setup() 函数中 fft = FFT(player.bufferSize(), player.sampleRate()) 把当前音频信号变换到频域，draw() 函数中 fft.forward(player.mix) 首先处理一段新的音频信号，specLength = fft.specSize() 获得这一段频谱信号的长度。

for循环语句中，i从0到specLength−1遍历，x = map(i,0,specLength-1,0,width) 把[0,specLength−1]范围的频谱信号序号i映射为[0,width]范围的x坐标。较小的序号i，对应声音中的低频分量，比如乐器发出的较低的音调；较大的序号i，对应声音中的高频分量，比如乐器发出的较高的音调。

fft.getBand(i) 获得对应频谱的能量大小，数值为0表示相应频率上的信号强度为0，数值越大表示相应频率上的信号强度越大。为了便于显示，将fft.getBand(i) 放大30倍绘制显示，效果如图15-8所示。

图15-8中高频部分的信号强度比较低，因此设定specLength = fft.specSize()/2，不绘制较高频谱的信号。为了防止不同频谱上信号强度变化过大，对fft.getBand(i) 开根号。实现代码如下，绘制效果如图15-9所示。

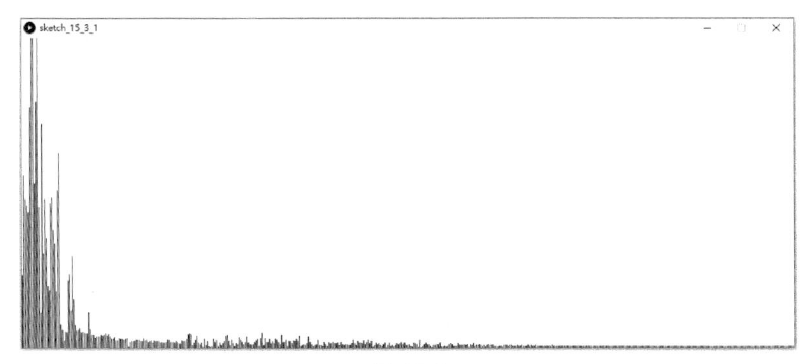

图 15-8

sketch_15_3_2.pyde（其他代码同 sketch_15_3_1.pyde）

```
13   def draw():
14       background(255) # 白色背景
15       fft.forward(player.mix) # 处理下一段音频信号
16       # 这一段频谱信号长度,高频部分信号能量较低就不考虑了
17       specLength = fft.specSize()/2
18       for i in range(specLength): # 对所有频谱信号遍历
19           # 把频谱信号序号i映射为x坐标
20           x = map(i,0,specLength-1,0,width)
21           # 为了防止不同频谱上信号强度变化过大，开根号
22           ffti = sqrt(fft.getBand(i))*fftScale
23           line(x,height,x,height-ffti) # 绘制连线
```

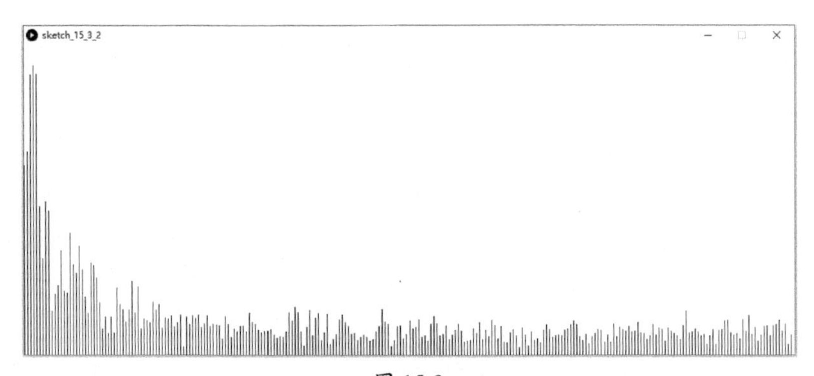

图 15-9

15.4　圆圈射线频谱显示

这一节将图 15-9 中频谱强度线段绘制在一圈圆周上。

sketch_15_4_1.pyde（其他代码同 sketch_15_3_2.pyde）

```
13   def draw():
```

```
14          background(255) # 白色背景
15          fft.forward(player.mix) # 处理下一段音频信号
16          # 这一段频谱信号长度,高频部分信号能量较低就不考虑了
17          specLength = fft.specSize()/2
18          for i in range(specLength):  # 对所有频谱信号遍历
19              # 当前频谱上信号强度，开根号，再乘以一个放大系数
20              ffti = sqrt(fft.getBand(i))* fftScale
21              angle = map(i,0,specLength-1,-0.5*PI,1.5*PI) # 直线段对应角度
22              endX = width/2 + cos(angle)*ffti  # 直线终点x坐标
23              endY = height/2 + sin(angle)*ffti  # 直线终点y坐标
24              line(width/2, height/2, endX, endY) # 画出一圈直线
```

其中angle=map(i,0,specLength-1,-0.5*PI,1.5*PI)把[0,specLength−1]范围的频谱信号序号i映射为[−0.5 × PI,1.5 × PI]范围的角度angle。以处理后的频谱信号强度ffti为半径，求出角度angle对应的终点坐标(endX,endY)，并和画面中心连线，绘制效果如图15-10所示。

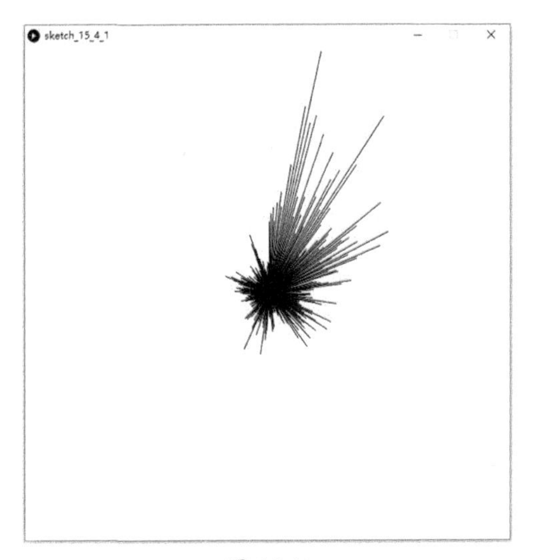

图 15-10

进一步，将线段的起点从画面中心移动到半径为basis = width/6的圆周上，实现代码如下，绘制效果如图15-11所示。

sketch_15_4_2.pyde（其他代码同sketch_15_4_1.pyde）

```
18          for i in range(specLength):  # 对所有频谱信号遍历
19              # 当前频谱上信号强度，开根号，再乘以一个放大系数
20              ffti = sqrt(fft.getBand(i))* fftScale
21              basis = width/6 # 内部圆的对应半径大小
22              angle = map(i,0,specLength-1,-0.5*PI,1.5*PI) # 直线段对应角度
23              startX = width/2 + cos(angle)*basis # 直线起点x坐标
24              startY = height/2 + sin(angle)*basis # 直线起点y坐标
```

```
25            endX = width/2 + cos(angle)*(basis+ffti) # 直线终点x坐标
26            endY = height/2 + sin(angle)*(basis+ffti) # 直线终点y坐标
27            line(startX, startY, endX, endY) # 画出向外的一圈直线
```

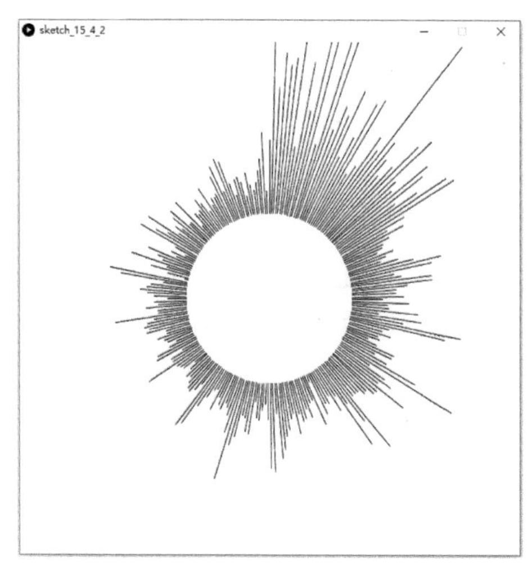

图 15-11

修改代码使得内部圆圈的半径basis随频谱序号i、帧数frameCount周期变化（如图15-12所示）：

sketch_15_4_3.pyde（其他代码同sketch_15_4_2.pyde）

```
21            basis = width/6 + 2*sin(0.5*i+frameCount) #内部圆半径周期变化
```

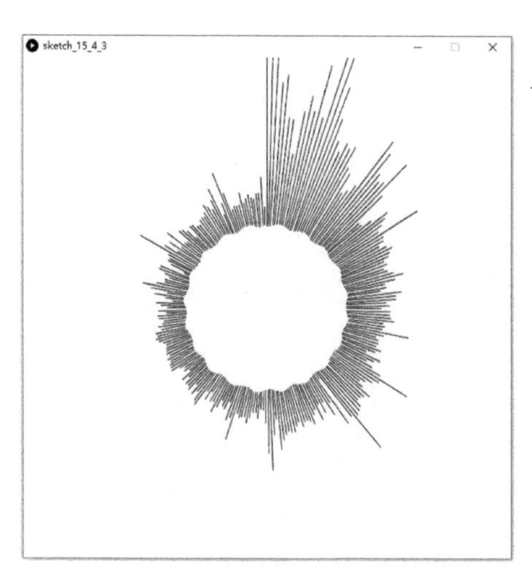

图 15-12

最后设置线条的颜色和粗细，完整代码如下，实现效果如图15-13所示：

sketch_15_4_4.pyde

```
1   add_library("minim") # 导入minim库
2   minim = Minim(this) # 创建minim对象
3
4   def setup():
5       global player,fft,fftScale # 全局变量
6       size(600, 600) # 画面大小
7       player = minim.loadFile("music1.mp3") # 读取音乐文件
8       player.loop() # 音乐循环播放
9       fft = FFT(player.bufferSize(),player.sampleRate()) # 变换到频域
10      fftScale = 50 # 显示放大倍数
11      colorMode(HSB) # HSB颜色模型
12      frameRate(30) # 设定帧率
13
14  def draw():
15      background(255) # 白色背景
16      fft.forward(player.mix) # 处理下一段音频信号
17      # 这一段频谱信号长度,高频部分信号能量较低就不考虑了
18      specLength = fft.specSize()/2
19      for i in range(specLength):  # 对所有频谱信号遍历
20          # 当前频谱上信号强度，开根号，再乘以一个放大系数
21          ffti = sqrt(fft.getBand(i))* fftScale
22          basis = width/6 + 2*sin(0.5*i+frameCount) #内部圆半径周期变化
23          angle = map(i,0,specLength-1,-0.5*PI,1.5*PI) # 直线段对应角度
24          startX = width/2 + cos(angle)*basis # 直线起点x坐标
25          startY = height/2 + sin(angle)*basis # 直线起点y坐标
26          endX = width/2 + cos(angle)*(basis+ffti) # 直线终点x坐标
27          endY = height/2 + sin(angle)*(basis+ffti) # 直线终点y坐标
28          # 沿着圆周设定线条颜色色调
29          stroke(map(i,0,specLength-1,0,255),255,255)
30          strokeWeight(1.5) # 设定线条粗细
31          line(startX, startY, endX, endY) # 画出向外的一圈直线
```

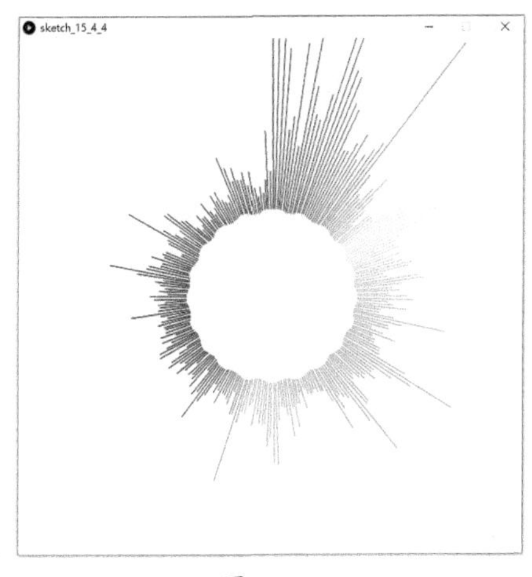

图 15-13

15.5　射灯连线

从画面的四个角点分别与频谱射线的终点连线，实现类似舞台射灯的效果（如图15-14所示）：

sketch_15_5_1.pyde（其他代码同sketch_15_4_4.pyde）

```
33            stroke(map(i,0,specLength-1,0,255),200,255,40) # 射灯连线颜色
34            strokeWeight(1) # 设定射灯线条粗细
35            line(0, 0, endX, endY) # 左上角发出的射线
36            line(width, 0, endX, endY)  # 右上角发出的射线
37            line(0, height, endX, endY)  # 左下角发出的射线
38            line(width, height, endX, endY)  # 右下角发出的射线
```

图 15-14

进一步，仅绘制一半的射灯连线，防止绘制速度过慢；通过将圆周分成四个区域，角点不要和对面区域的终点连线，防止中间交叉绘制过乱：

sketch_15_5_2.pyde（其他代码同sketch_15_5_1.pyde）

```
33            if i%2==0: # 射灯画线减一半，防止绘制速度过慢
34                stroke(map(i,0,specLength-1,0,255),200,255,40)#射灯线颜色
35                strokeWeight(1) # 设定射灯线条粗细
36                # 计算在第几区域，角点和对面的区域不要连线，防止画面过乱
37                sector = i*4/specLength # 分成4个区域
38                if sector !=1:
39                    line(0, 0, endX, endY) # 左上角发出的射线
40                if sector !=2:
41                    line(width, 0, endX, endY) # 右上角发出的射线
42                if sector !=0:
43                    line(0, height, endX, endY) # 左下角发出的射线
```

```
44              if sector !=3:
45                  line(width, height, endX, endY) # 右下角发出的射线
```

绘制结果如图15-15所示。

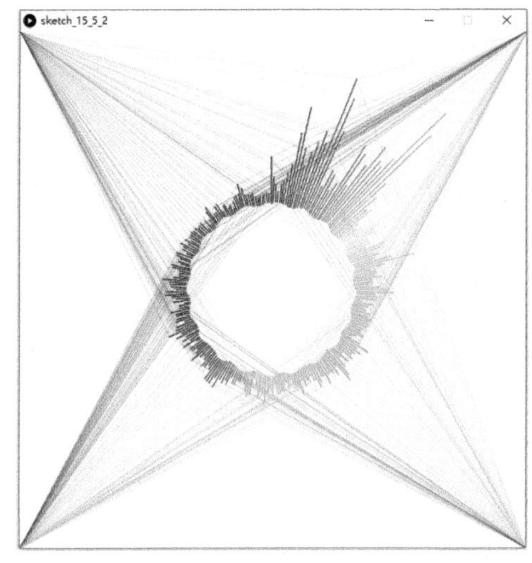

图 15-15

15.6 变大变小的眼睛

这一节在画面中间的空白区域添加一只眼睛，由一个填充圆、一个椭圆线框组合而成。求出这一帧所有频谱信号强度的平均值average，average值越大，眼睛越大（如图15-16所示）：

sketch_15_6_1.pyde（其他代码同sketch_15_5_2.pyde）

```
47          average = 0 # 求出所有频谱信号强度的平均值
48          for i in range(specLength):  # 对所有频谱信号遍历
49              ffti = sqrt(fft.getBand(i))* fftScale # 开根号再乘一个放大系数
50              average += ffti # 先求和
51          average = average/specLength # 求平均值
52
53          # 中间随音乐音量大小而变换的圆圈椭圆/眼睛
54          noStroke() # 眼珠圆圈不绘制线条
55          fill(frameCount%256, 130, 200) # 眼珠的填充色
56          circle(width/2,height/2,average*1.5) # 绘制眼珠圆圈
57          noFill() # 眼眶不填充
58          strokeWeight(3) # 眼眶线条粗细
59          stroke(frameCount%256, 130, 200) # 眼眶线条的颜色
60          ellipse(width/2,height/2,average*3,average*1.5) # 绘制椭圆形眼眶
```

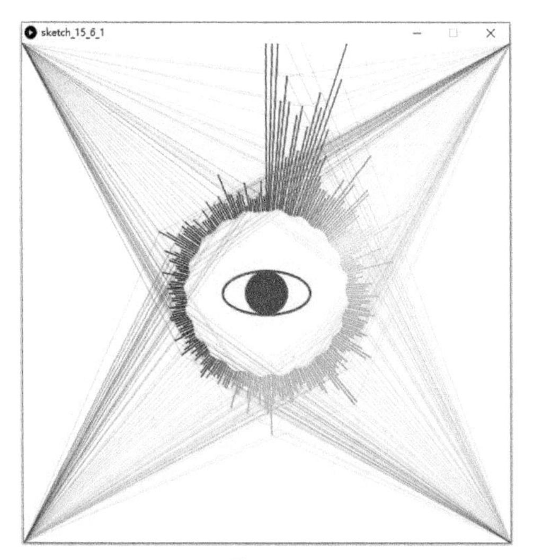

图 15-16

Minim库也可以利用麦克风获取实时声音信号：

```
player = minim.getLineIn() # 获取实时音频输入
```

读者可以尝试发出音量大小、音调高低不同的声音，观察音频的实时可视化效果。完整代码参看sketch_15_6_2.pyde。

15.7 小结

这一章主要介绍利用Minim库进行音频信号处理的方法，实现了一种音乐可视化的效果。读者也可以借鉴之前章节的思路，实现更加酷炫的音乐可视化。利用音乐文件或实时音频信号，也可以进行不同形式的实时参数调整，以实现更丰富的互动。

第 16 章
坚持一百秒

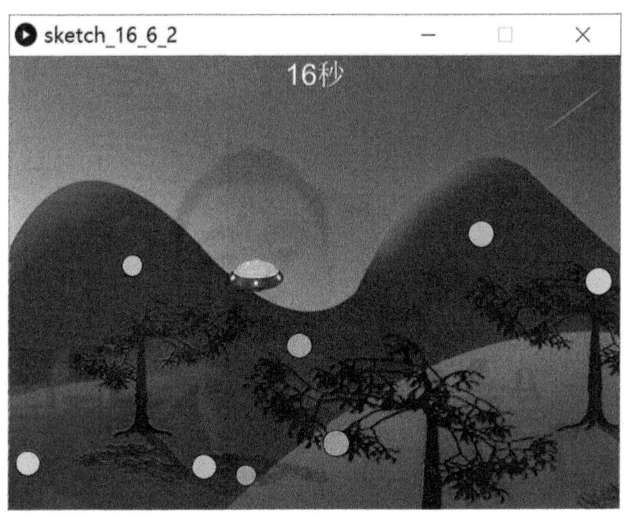

图 16-1

本章我们将实现坚持一百秒的游戏，玩家通过移动人脸控制飞碟躲避越来越多的反弹子弹，效果如图16-1所示。首先利用面向对象的知识，实现了一个鼠标控制的坚持一百秒游戏；接着学习Video库的下载配置，学习实时视频的获取与处理；然后学习OpenCV库，利用人脸跟踪控制飞碟移动；最后进行游戏效果的改进。

本章案例最终代码一共98行，代码参看“配套资源\第16章\sketch_16_6_2 \ sketch_16_6_2.pyde”，视频效果参看“配套资源\第16章\坚持一百秒.mp4”。

16.1　反弹的小球

在本书的配套电子资源中找到“\第16章\图片音乐”文件夹。文件夹中存放了本章需要的素材文件：“background.png”“ufo.png”“game_music.mp3”“explode.mp3”。

在对应代码的目录，比如“sketch_16_1_1”下新建子目录“data”，将对应的文件复制到“data”目录下。输入以下代码，实现一个如图16-2所示的面向对象版本的弹跳小球：

sketch_16_1_1.pyde

```
1   class Ball: # 小球类
2       def __init__(self): # 构造函数
3           self.x = width/2 # xy坐标
4           self.y = 30
5           v_mag = random(5,10) # 速度的大小
6           v_angle = random(0.1*PI,0.9*PI) # 速度的方向
7           self.vx = v_mag*cos(v_angle) # 通过三角函数计算对应的速度
8           self.vy = v_mag*sin(v_angle)
9           # 随机颜色
10          self.c=color(random(150,255),random(150,255),random(150,255))
11          self.r = random(10,15) # 小球半径
12
13      def display(self):   # 小球绘制函数
14          stroke(0) # 黑色边框
15          fill(self.c) # 设置填充颜色
16          circle(self.x, self.y, 2*self.r) # 画一个圆圈
17
18      def update(self): # 小球更新函数
19          self.x += self.vx # 根据速度更新坐标
20          self.y += self.vy
21          if self.x<self.r or self.x>width-self.r: # 处理碰到边界的情况
22              self.vx = -self.vx
23          if self.y<self.r or self.y>height-self.r:
```

```
24                self.vy = -self.vy
25
26    def setup():
27        global backgroundImage,ball # 全局变量
28        size(640, 480) # 设定画布大小
29        backgroundImage = loadImage("background.png") # 导入背景图片
30        imageMode(CENTER) # 图像居中对齐
31        frameRate(30)  # 设定帧率为30
32        ball = Ball() # 定义一个小球对象
33
34    def draw():
35        global ball  # 全局变量
36        image(backgroundImage,width/2,height/2) # 绘制背景图片
37        ball.update() # 更新小球速度、坐标
38        ball.display() # 小球显示
```

图 16-2

练习16-1：修改sketch_16_1_1.pyde，实现每隔60帧添加一个小球的效果，如图16-3所示。

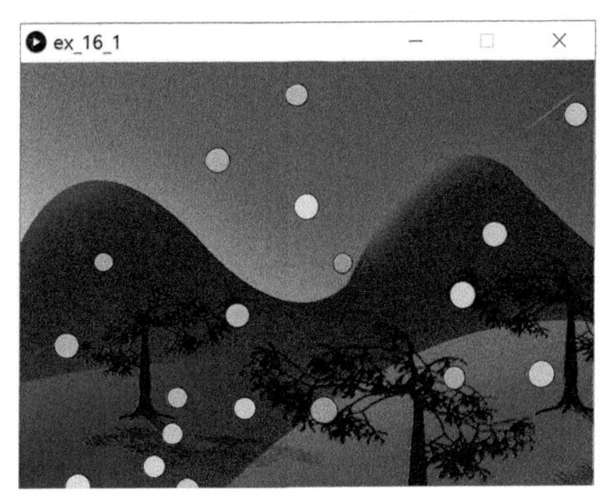

图 16-3

16.2　添加飞碟

这一节为游戏添加飞碟图片对象：

```
ufo = loadImage("ufo.png") # 导入UFO图片
```

设定飞碟在鼠标位置显示，即玩家可以用鼠标控制飞碟移动：

```
image(ufo,mouseX,mouseY) # 在鼠标位置上显示UFO图片
```

对于所有的小球遍历，如果任意小球子弹和飞碟发生碰撞，就表示游戏失败，清空所有小球，draw() 函数返回：

```
for ball in balls:  # 对所有小球遍历
    if dist(ball.x,ball.y,mouseX,mouseY)<30: # 是否距离足够接近
        balls = [] # 如果飞碟和任一子弹碰撞，清空所有子弹
        return # 不需要再判断，draw()返回
```

完整代码参看 sketch_16_2_1.pyde，实现效果如图 16-4 所示。

图 16-4

要跳出循环语句的执行，也可以使用 break 语句。输入并运行以下代码：

sketch_16_2_2.pyde

```
1    for i in range(5):
2        if i==2:
3            break
4        print(i)
```

输出：

```
0
1
```

表示当i等于2时，运行break语句，跳出for循环，因此仅输出0、1两个数字。

还有一个continue语句，表示跳过当次循环，循环语句继续运行。输入并运行以下代码：

sketch_16_2_3.pyde

```
1   for i in range(5):
2       if i==2:
3           continue
4       print(i)
```

输出：

```
0
1
3
4
```

表示当i等于2时，运行continue语句，跳过当次for循环，继续运行下一次循环，因此输出0、1、3、4四个数字。

练习16-2：写出程序运行的结果：

ex_16_2.pyde

```
1   for i in range(10):
2       if (i%2==1):
3           continue
4       print(i)
5       if (i==6):
6           break
```

16.3 背景音乐和得分显示

首先导入Minim库，在setup()函数中导入并循环播放背景音乐：

```
game_music = minim.loadFile("game_music.mp3") # 导入背景音乐
game_music.loop() # 循环播放背景音乐
```

导入爆炸音效：

```
explode_sound = minim.loadFile("explode.mp3") # 导入爆炸音效
```

draw()函数中，当飞碟和任一小球子弹发射碰撞时，播放爆炸音效：

```
if dist(ball.x,ball.y,mouseX,mouseY)<30: # 是否距离足够接近
    explode_sound.rewind() # 爆炸音效倒带到最开始
    explode_sound.play() # 播放爆炸音效
```

完整代码参看sketch_16_3_1.pyde。

另外，在setup()函数中利用second()函数获得当前时间对应的秒数，取值范围为[0,59]；设定变量insistTime存储玩家坚持了多少秒时间，并初始化为0：

```
lastSecond = second() # 获取当前的秒数
insistTime = 0 # 计时变量，玩家坚持了多少秒，初始化为0
```

在draw()函数中，判断之前记录的秒数lastSecond是否等于当前秒数second()，如果不相等，说明时间过去了1秒钟，将insistTime加1；如果过去两秒钟，则新增加一个小球到列表中：

```
if lastSecond != second(): # 如果之前记录的秒数不等于当前秒数
    insistTime += 1 # 说明过去了一秒
    lastSecond = second() # 更新上一个记录的秒数
    if insistTime % 2 == 1: # 每隔2秒新增加一个小球
        ball = Ball()   # 生成一个小球
        balls.append(ball) # 添加到列表中
```

当飞碟和任一小球子弹发射碰撞时，将insistTime清零：

```
if dist(ball.x,ball.y,mouseX,mouseY)<30: # 是否距离足够接近
    insistTime = 0 #清零，重新计时
```

最后将玩家坚持的秒数绘制在画面上方，即实现了比较完整的游戏效果，如图16-5所示，完整代码如下：

sketch_16_3_2.pyde

```
1    add_library("minim") # 导入minim库
2    minim = Minim(this) # 创建minim对象
3
4    class Ball: # 小球类
5        def __init__(self): # 构造函数
6            self.x = width/2 # xy坐标
7            self.y = 30
8            v_mag = random(5,10) # 速度的大小
9            v_angle = random(0.1*PI,0.9*PI) # 速度的方向
10           self.vx = v_mag*cos(v_angle) # 通过三角函数计算对应的速度
11           self.vy = v_mag*sin(v_angle)
12           # 随机颜色
13           self.c=color(random(150,255),random(150,255),random(150,255))
14           self.r = random(10,15) # 小球半径
15
16       def display(self):   # 小球绘制函数
17           stroke(0) # 黑色边框
```

```
18            fill(self.c) # 设置填充颜色
19            circle(self.x, self.y, 2*self.r) # 画一个圆圈
20
21        def update(self): # 小球更新函数
22            self.x += self.vx # 根据速度更新坐标
23            self.y += self.vy
24            if self.x<self.r or self.x>width-self.r: # 处理碰到边界的情况
25                self.vx = -self.vx
26            if self.y<self.r or self.y>height-self.r:
27                self.vy = -self.vy
28
29    def setup():
30        global ufo,backgroundImage,balls,insistTime,lastSecond,\
31            explode_sound # 全局变量
32        size(640, 480) # 设定画布大小
33        backgroundImage = loadImage("background.png") # 导入背景图片
34        ufo = loadImage("ufo.png") # 导入UFO图片
35        imageMode(CENTER) # 图像居中对齐
36        frameRate(30)  # 设定帧率为30
37        balls = [] # 开始小球列表为空
38
39        myFont=createFont("simsun.ttc",30) # 导入宋体字体，设置字体大小
40        textFont(myFont) # 设置文字字体
41        textAlign(CENTER) # 文字居中对齐
42        lastSecond = second() # 获取当前的秒数
43        insistTime = 0 # 计时变量，玩家坚持了多少秒，初始化为0
44
45        game_music = minim.loadFile("game_music.mp3") # 导入背景音乐
46        game_music.loop() # 循环播放背景音乐
47        explode_sound = minim.loadFile("explode.mp3") # 导入爆炸音效
48
49    def draw():
50        global balls,insistTime,lastSecond  # 全局变量
51        image(backgroundImage,width/2,height/2) # 绘制背景图片
52        image(ufo,mouseX,mouseY) # 在鼠标位置上显示UFO图片
53
54        for ball in balls:  # 对所有小球遍历
55            ball.update() # 更新小球速度、坐标
56            ball.display() # 小球显示
57            if dist(ball.x,ball.y,mouseX,mouseY)<30: # 是否距离足够接近
58                explode_sound.rewind() # 爆炸音效倒带到最开始
59                explode_sound.play() # 播放爆炸音效
60                balls = [] # 如果飞碟和任一子弹碰撞，清空所有子弹
61                insistTime = 0 # 清零，重新计时
62                return # 不需要再判断，draw()返回
63
64        if lastSecond != second(): # 如果之前记录的秒数不等于当前秒数
65            insistTime += 1 # 说明过去了一秒
66            lastSecond = second() # 更新上一个记录的秒数
67            if insistTime % 2 == 1: # 每隔2秒新增加一个小球
```

```
68                ball = Ball()   # 生成一个小球
69                balls.append(ball) # 添加到列表中
70        string = str(insistTime)+u&apos;秒&apos; # 字符串拼接，显示多少秒
71        fill(255) # 设置为白色
72        text(string, width/2, 30) # 在对应位置上显示文字
```

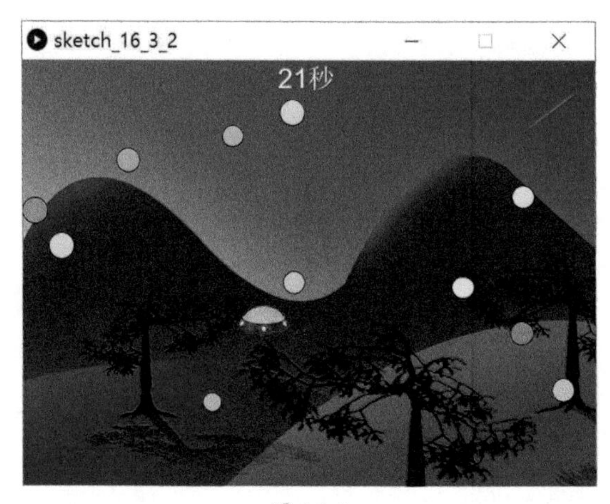

图 16-5

16.4　摄像头视频获取与处理

为了调用摄像头获取实时视频，参考15.1节中的方法，在Processing中选择“速写本”—“引用库文件”—“添加库文件”，在弹出的窗口中输入“video”，选择中间对应的Video库，点击“Install”，等待Processing下载安装成功，如图16-6所示。

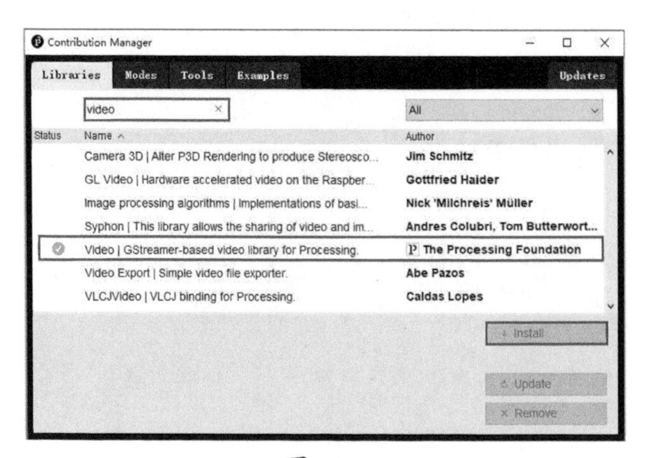

图 16-6

输入以下代码：

sketch_16_4_1.pyde

```
1    add_library("video") # 导入视频库
2
3    def setup():
4        global video # 全局变量
5        size(640,480) # 设定画布大小
6        video = Capture(this,640,480) # 初始化视频
7        video.start() # 开始捕获视频
8        imageMode(CENTER) # 图像居中对齐
9        frameRate(30)  # 设定帧率为30
10
11   def draw():
12       if video.available():  # 如果摄像头可用
13           video.read() # 读取一帧数据
14           image(video,width/2,height/2) # 显示视频图像
```

add_library("video")表示导入Video库。

setup()函数中，video = Capture(this,640,480)表示准备捕获宽640px、高480px的视频，video.start()开始捕获视频。

draw()函数中，video.available()返回当前摄像头是否可用，video.read()读取一帧视频图像数据，image(video,width/2,height/2)将这帧图像显示出来，如图16-7所示。

图 16-7

video.loadPixels()获得一帧图像的像素，运行loadPixels()后，可以通过video.pixels[pixelsID]的形式获得视频图像序号为pixelsID的像素的颜色。

video.width、video.height分别为视频图像的宽度和高度。像素编号从第0行开始，从左向右，从上向下依次增加。以下代码可以在实时视频上实现与

13.5 节类似的均匀采样画圆效果（如图 16-8 所示）：

sketch_16_4_2.pyde

```
1    add_library("video") # 导入视频库
2
3    def setup():
4        global video # 全局变量
5        size(640,480) # 设定画布大小
6        video = Capture(this,640,480) # 初始化视频
7        video.start() # 开始捕获视频
8        imageMode(CENTER) # 图像居中对齐
9        frameRate(30)  # 设定帧率为30
10       noStroke()  # 不显示线条
11
12   def draw():
13       if video.available():  # 如果摄像头可用
14           background(255) # 白色背景
15           step = int(map(mouseX,0,width,2,20))  # 采样间隔
16           ration = map(mouseY,0,height,0.5,2) # 最大圆的直径
17
18           video.read() # 读取一帧数据
19           video.loadPixels() # 获得一帧图像的像素
20           loadPixels() # 下面可以通过pixels[]来直接访问对应的像素
21           for y in range(0,video.height,step): # 对原始图像像素采样
22             for x in range(0,video.width,step):
23                 pixelsID = y*video.width+x  # 在对应像素列表中的序号
24                 c = video.pixels[pixelsID]  # 获得对应像素的颜色
25                 greyscale = brightness(c) # 获得亮度值
26                 # 根据亮度值设定圆直径大小
27                 s = map(greyscale, 0,255,step*ration,0.1)
28                 fill(c)  # 设置填充颜色
29                 circle(x, y, s) # 画一个圆
```

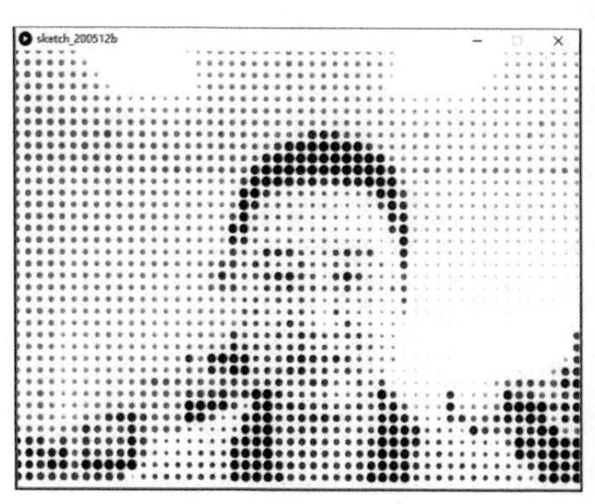

图 16-8

练习 16-3：生成图 16-9 所示的实时马赛克视频效果。

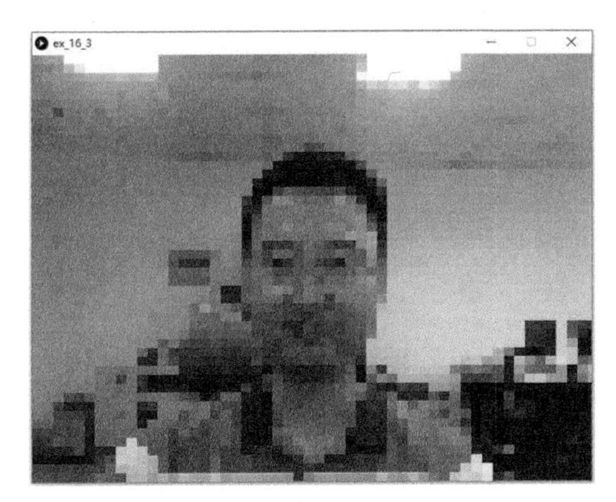

图 16-9

16.5 人脸控制飞碟移动

采用和16.4节类似的方法，在Processing中安装开源计算机视觉库OpenCV。输入并运行以下代码，可以自动检测出画面中的人脸，并在人脸上显示一个半透明的矩形框，如图16-10所示。

图 16-10

sketch_16_5_1.pyde

```
1    add_library("video") # 导入视频库
2    add_library("opencv_processing") # 导入OpenCV开源计算机视觉库
3
4    def setup():
5        global video,opencv # 全局变量
6        size(640,480) # 设定画布大小
7        video = Capture(this,640,480) # 初始化视频
8        video.start() # 开始捕获视频
```

```
9       opencv = OpenCV(this,640,480) # 初始化opencv
10      opencv.loadCascade(OpenCV.CASCADE_FRONTALFACE) # 导入人脸分类器
11      imageMode(CENTER) # 图像居中对齐
12      frameRate(30)  # 设定帧率为30
13
14  def draw():
15      image(video,width/2,height/2) # 显示视频图像
16      opencv.loadImage(video) # opencv导入处理视频图片
17      faces = opencv.detect()  # 调用opencv从视频图像中检测人脸
18      stroke(0, 255, 0) # 设置线条颜色
19      strokeWeight(3) # 设置线条粗细
20      fill(0, 255, 0,100) # 设置填充颜色
21
22      if len(faces)>0: # 如果有人脸，则在人脸处显示一个方框
23          rect(faces[0].x,faces[0].y,faces[0].width,faces[0].height)
24
25  def captureEvent(c): # 用于设置开始视频获取处理
26      c.read()
```

add_library("opencv_processing")表示导入OpenCV开源计算机视觉库。定义函数captureEvent(c)用于设置开始视频获取与处理。

setup()函数中，opencv=OpenCV(this, 640, 480)表示准备用OpenCV处理宽640px、高480px的视频，opencv.loadCascade(OpenCV.CASCADE_FRONTALFACE)导入人脸分类器，用于后面的实时人脸检测。

draw()函数中，opencv.loadImage(video)导入当前帧的视频图像，faces = opencv.detect()调用OpenCV从视频图像中检测人脸，len(faces)表示检测出的人脸的个数，faces[0].x、faces[0].y、faces[0].width、faces[0].height表示第0号人脸的x坐标、y坐标、宽度、高度。

进一步，将跟踪到的人脸位置赋给sketch_16_3_2.pyde游戏中飞碟的坐标，玩家可以通过真实身体的移动去控制游戏，实现了一个简单的体感游戏，完整代码如下：

sketch_16_5_2.pyde

```
1   add_library("minim") # 导入minim库
2   minim = Minim(this) # 创建minim对象
3   add_library("video") # 导入视频库
4   add_library("opencv_processing") # 导入OpenCV开源计算机视觉库
5
6   class Ball: # 小球类
7       def __init__(self): # 构造函数
8           self.x = width/2 # xy坐标
9           self.y = 30
10          v_mag = random(5,10) # 速度的大小
11          v_angle = random(0.1*PI,0.9*PI) # 速度的方向
```

```
12            self.vx = v_mag*cos(v_angle) # 通过三角函数计算对应的速度
13            self.vy = v_mag*sin(v_angle)
14            # 随机颜色
15            self.c=color(random(150,255),random(150,255),random(150,255))
16            self.r = random(10,15) # 小球半径
17
18        def display(self):   # 小球绘制函数
19            stroke(0) # 黑色边框
20            fill(self.c) # 设置填充颜色
21            circle(self.x, self.y, 2*self.r) # 画一个圆圈
22
23        def update(self): # 小球更新函数
24            self.x += self.vx # 根据速度更新坐标
25            self.y += self.vy
26            if self.x<self.r or self.x>width-self.r: # 处理碰到边界的情况
27                self.vx = -self.vx
28            if self.y<self.r or self.y>height-self.r:
29                self.vy = -self.vy
30
31    def setup():
32        global ufo,ufoX,ufoY,backgroundImage,balls,insistTime,\
33               lastSecond,explode_sound,video,opencv # 全局变量
34        size(640, 480) # 设定画布大小
35        backgroundImage = loadImage("background.png") # 导入背景图片
36        ufo = loadImage("ufo.png") # 导入UFO图片
37        ufoX = width/2 # 初始化UFO坐标
38        ufoY = height/2
39        imageMode(CENTER) # 图像居中对齐
40        frameRate(30)  # 设定帧率为30
41        balls = [] # 开始小球列表为空
42        video = Capture(this,640,480) # 初始化视频
43        video.start() # 开始捕获视频
44        opencv = OpenCV(this,640,480) # 初始化opencv
45        opencv.loadCascade(OpenCV.CASCADE_FRONTALFACE) # 导入人脸分类器
46
47        myFont=createFont("simsun.ttc",30) # 导入宋体字体，设置字体大小
48        textFont(myFont) # 设置文字字体
49        textAlign(CENTER) # 文字居中对齐
50        lastSecond = second() # 获取当前的秒数
51        insistTime = 0 # 计时变量，玩家坚持了多少秒，初始化为0
52
53        game_music = minim.loadFile("game_music.mp3") # 导入背景音乐
54        game_music.loop() # 循环播放背景音乐
55        explode_sound = minim.loadFile("explode.mp3") # 导入爆炸音效
56
57    def draw():
58        global ufoX,ufoY,balls,insistTime,lastSecond  # 全局变量
59        image(backgroundImage,width/2,height/2) # 绘制背景图片
60        tint(255, 30) # 半透明显示视频图像
61        image(video,width/2,height/2) # 显示视频图像
```

```
62        noTint() # 以下不要透明显示
63
64        opencv.loadImage(video) # opencv导入处理视频图片
65        faces = opencv.detect()  # 调用opencv从视频图像中检测人脸
66        if len(faces)>0: # 如果有人脸，则以下获取人脸的中心坐标，赋给UFO
67            ufoX = faces[0].x + faces[0].width/2
68            ufoY = faces[0].y + faces[0].height/2
69        image(ufo,ufoX,ufoY) # 在对应位置上显示UFO图片
70
71        for ball in balls:  # 对所有小球遍历
72            ball.update() # 更新小球速度、坐标
73            ball.display() # 小球显示
74            if dist(ball.x,ball.y,ufoX,ufoY)<30: # 是否距离足够接近
75              explode_sound.rewind() # 爆炸音效倒带到最开始
76              explode_sound.play() # 播放爆炸音效
77              balls = [] # 如果飞碟和任一子弹碰撞，清空所有子弹
78              insistTime = 0 # 清零，重新计时
79              return # 不需要再判断，draw()返回
80
81        if lastSecond != second(): # 如果之前记录的秒数不等于当前秒数
82            insistTime += 1 # 说明过去了一秒
83            lastSecond = second() # 更新上一个记录的秒数
84            if insistTime%5 == 1: # 每隔5秒新增加一个小球
85                ball = Ball()   # 生成一个小球
86                balls.append(ball) # 添加到列表中
87        string = str(insistTime)+u"秒" # 字符串拼接，显示多少秒
88        fill(255) # 设置为白色
89        text(string, width/2, 30) # 在对应位置上显示文字
90
91    def captureEvent(c): # 用于设置开始视频获取处理
92        c.read()
```

第60行的tint()函数用于把实时视频图像半透明地叠加到游戏背景上，实现效果如图16-11所示。

图 16-11

16.6 游戏效果的改进

为了提升游戏运行的流畅度，在setup()函数中将获取视频的大小设为宽320px、高240px，可以显著减少人脸检测算法的计算量：

```
video = Capture(this,320,240) # 初始化视频，小一半
opencv = OpenCV(this,320,240) # 初始化opencv，小一半
```

在draw()函数中通过scale(2)函数放大视频图像显示，之后再通过scale(0.5)恢复到标准缩放比例：

```
image(backgroundImage,width/2,height/2) # 绘制背景图片
tint(255, 30) # 半透明显示视频图像
scale(2) # 放大两倍显示
image(video,width/4,height/4) # 显示视频图像
scale(0.5) # 再恢复到缩放1
noTint() # 以下不要透明显示
```

人脸检测的坐标也需做一下相应的变换：

```
if len(faces)>0: # 如果有人脸，则以下获取人脸的中心坐标，赋给UFO
    ufoX = 2*(faces[0].x + faces[0].width/2)
    ufoY = 2*(faces[0].y + faces[0].height/2)
```

完整代码参看sketch_16_6_1.pyde。

另外，video获取的视频会有一个左右翻转。在setup()函数中创建彩色图像flipped = createImage(video.width,video.height,RGB)，用于存放翻转后的图像。

在draw()函数中，添加以下代码进行视频图像翻转的处理：

```
for x in range(video.width):
    flipped.set(video.width-x-1,0,video.get(x,0,1,video.height))
```

其中函数get(x,y,w,h)获得视频图像中(x,y)位置开始、宽为w、高为h的多个像素；函数set(x,y,pxs)可以将pxs对应的像素集合，赋到图像中从(x,y)开始的位置。flipped.set(video.width-x-1,0,video.get(x,0,1,video.height))可以实现一列像素的赋值，配合for语句就可以实现整个图像的左右翻转。

sketch_16_6_2.pyde（其他代码同sketch_16_5_2.pyde）

```
31  def setup():
32      global ufo,ufoX,ufoY,backgroundImage,balls,insistTime,\
33          lastSecond,explode_sound,video,opencv,flipped # 全局变量
34      size(640, 480) # 设定画布大小
35      backgroundImage = loadImage("background.png") # 导入背景图片
36      ufo = loadImage("ufo.png") # 导入UFO图片
37      ufoX = width/2 # 初始化UFO坐标
38      ufoY = height/2
```

```
39      imageMode(CENTER) # 图像居中对齐
40      frameRate(30)  # 设定帧率为30
41      balls = [] # 开始小球列表为空
42      video = Capture(this,320,240) # 初始化视频，小一半
43      video.start() # 开始捕获视频
44      flipped = createImage(video.width,video.height,RGB)#用于图像翻转
45      opencv = OpenCV(this,320,240) # 初始化opencv，小一半
46      opencv.loadCascade(OpenCV.CASCADE_FRONTALFACE) # 导入人脸分类器
47
48      myFont=createFont("simsun.ttc",30) # 导入宋体字体，设置字体大小
49      textFont(myFont) # 设置文字字体
50      textAlign(CENTER) # 文字居中对齐
51      lastSecond = second() # 获取当前的秒数
52      insistTime = 0 # 计时变量，玩家坚持了多少秒，初始化为0
53
54      game_music = minim.loadFile("game_music.mp3") # 导入背景音乐
55      game_music.loop() # 循环播放背景音乐
56      explode_sound = minim.loadFile("explode.mp3") # 导入爆炸音效
57
58  def draw():
59      global ufoX,ufoY,balls,insistTime,lastSecond,flipped  # 全局变量
60      image(backgroundImage,width/2,height/2) # 绘制背景图片
61      tint(255, 30) # 半透明显示视频图像
62      scale(2) # 放大两倍显示
63      # 对获取的图片左右翻转处理，按列操作
64      for x in range(video.width):
65          flipped.set(video.width-x-1,0,video.get(x,0,1,video.height))
66      image(flipped,width/4,height/4) # 显示视频图像
67      scale(0.5) # 再恢复到缩放1
68      noTint() # 以下不要透明显示
69
70      opencv.loadImage(flipped) # opencv导入处理视频图片
71      faces = opencv.detect() # 调用opencv从视频图像中检测人脸
72      if len(faces)>0: # 如果有人脸，则以下获取人脸的中心坐标，赋给UFO
73          ufoX = 2*(faces[0].x + faces[0].width/2)
74          ufoY = 2*(faces[0].y + faces[0].height/2)
75      image(ufo,ufoX,ufoY) # 在对应位置上显示UFO图片
```

16.7　小结

这一章主要介绍了利用Video库进行摄像头视频的获取与处理、利用OpenCV库进行人脸的实时检测跟踪，实现了坚持一百秒的体感游戏。读者也可以将视频作为输入，实现更加有趣的可视化与互动效果。

附录 A 练习题参考答案

第 2 章

ex_2_1.pyde

```
1   size(600,600)
2   circle(300, 300, 600)
```

ex_2_2.pyde

```
1   size(600, 600)
2   circle(300,300,300)
3   circle(300,300,200)
4   circle(300,300,100)
```

ex_2_3.pyde

```
1   size(600, 600)
2   background(255)
3   fill(180)
```

```
4    circle(300,300,300)
5    fill(235)
6    circle(300,300,200)
7    fill(0)
8    circle(300,300,100)
```

第 3 章

ex_3_1.pyde

```
1   def setup():
2       size(600, 600)
3       frameRate(30)
4
5   def draw():
6       background(255)
7       fill(200)
8       circle(300, 300, frameCount/3)
```

练习 3-2

```
0.2
0
3
1
0
```

ex_3_3.pyde

```
1   def setup():
2       size(600, 600)
3
4   def draw():
5       background(255)
6       noFill()
7       circle(300, 300, 50)
8       circle(300, 300, 100)
9       circle(300, 300, 150)
10      circle(300, 300, 200)
11      circle(300, 300, 250)
12      circle(300, 300, 300)
13      circle(300, 300, 350)
14      circle(300, 300, 400)
15      circle(300, 300, 450)
16      circle(300, 300, 500)
```

ex_3_4.pyde

```
1   for i in range(10):
```

```
2        print(i)
```

ex_3_5.pyde

```
1    for i in range(5):
2        print(i+1)
```

ex_3_6.pyde

```
1    for i in range(5):
2        print(2*i+1)
```

ex_3_7.pyde

```
1    for i in range(10,16):
2        print(i)
```

ex_3_8.pyde

```
1    for i in range(1,6):
2        print(10*i)
```

ex_3_9.pyde

```
1    def setup():
2        size(600, 600)
3        noFill()
4        frameRate(30)
5
6    def draw():
7        background(255)
8        for diam in range(width,1,-20):
9            circle(300, 300, diam)
```

ex_3_10.pyde

```
1    def setup():
2        size(600, 600)
3        noFill()
4        frameRate(30)
5
6    def draw():
7        background(255)
8        for diam in range(width,1,-40):
9            fill(0)
10           circle(300, 300, diam)
11           fill(255)
12           circle(300, 300, diam-20)
```

ex_3_11.pyde

```
1    def setup():  # 初始化函数，仅运行一次
```

```
2         size(600, 600)  # 设定画面宽度、高度
3         strokeWeight(3) # 设置线条粗细
4         noFill() # 不填充
5         frameRate(30) # 设置帧率
6
7     def draw():  # 绘制函数，每帧重复运行
8         background(255) # 设置白色背景，并覆盖整个画面
9         for diam in range(5, width+1, 20): # 直径从小遍历到画面宽度
10            d = (99999999 + diam - frameCount*2)% width # 当前圆圈的直径
11            stroke(map(d,0,width,0,255)) # 设置当前圆圈线条颜色
12            circle(300, 300, d) # 绘制圆心在画面中心，直径为d的圆圈
```

第 4 章

ex_4_1.pyde

```
1     def setup():
2         size(800, 600)
3         strokeWeight(3)
4
5     def draw():
6         background(255)
7         fill(255)
8         circle(400, 300, 500)
9         circle(305, 180, 180)
10        circle(495, 180, 180)
11        circle(400, 300, 40)
12        arc(400, 380, 250, 180, 0.1*PI, 0.9*PI)  # 用圆弧绘制嘴巴
13        fill(0)
14        circle(275, 180, 110)
15        circle(465, 180, 110)
```

ex_4_2.pyde

```
1     def setup():
2         global diameter
3         size(600, 600)
4         fill(200)
5         diameter = 1
6
7     def draw():
8         global diameter
9         background(255)
10        diameter = diameter + 1
11        circle(300, 300, diameter)
```

ex_4_3.pyde

```
1     x = 11*13*15*17
```

```
2   if x > 30000:
3       print("x > 30000")
4   if x == 3000:
5       print("x == 3000")
6   if x < 3000:
7       print("x < 3000")
```

ex_4_4.pyde

```
1   def setup():
2       global diameter,diamSpeed
3       size(600, 600)
4       fill(200)
5       diameter = 1
6       diamSpeed = 2
7
8   def draw():
9       global diameter,diamSpeed
10      background(255)
11      diameter = diameter + diamSpeed
12      if diameter>width or diameter<1:
13          diamSpeed = -diamSpeed
14      circle(300, 300, diameter)
```

第 5 章

ex_5_1.pyde

```
1   def setup():
2       size(600, 600)
3       strokeWeight(3)
4       background(255)
5
6   def draw():
7       step = 30
8       for i in range(1,20):
9           line(i*step, 1*step, i*step, 19*step)
10          line(1*step, i*step, 19*step, i*step)
```

练习 5-2

```
2
2.5
2
```

第 6 章

ex_6_1.pyde

```
1   for i in range(2):
2       for j in range(3):
3           for k in range(2):
4               print(i, j, k)
```

ex_6_2.pyde

```
1   def setup():
2       size(800, 600)
3       strokeWeight(1)
4       noFill()
5       frameRate(30)
6
7   def draw():
8       R = 50
9       background(255)
10      for y in range(R, 600, 2*R):
11          for x in range(R, 800, 2*R):
12              for diam in range(5, 4*R+1, 10):
13                  d = (diam+1*frameCount)% (2*R)
14                  stroke(map(d,0,2*R,0,255))
15                  circle(x, y, d)
```

第 7 章

ex_7_1.pyde

```
1   def setup():
2       size(500, 500) # 设定画布大小
3       noFill()  # 不要填充颜色
4       strokeWeight(2)  # 制定边框线条粗细为2像素
5       stroke(0) # 设定线条颜色为淡灰色，0为纯黑、255为纯白
6
7   def draw():
8       background(255)   # 纯白背景
9       radius = 200 # 大圆圈的半径
10      translate(width/2, height/2) # 移动坐标系原点到画面中心
11      edgeNum = int(map(mouseX,0,width,3,50)) # 正多边形的边数
12      for n in range(edgeNum):  # 对一圈遍历
13          angle1 = n*2*PI/edgeNum      # 角度1
14          angle2 = (n+1)*2*PI/edgeNum # 角度2
15          x1 = radius*cos(angle1) # 角度1对应的x坐标
16          y1 = radius*sin(angle1) # 角度1对应的y坐标
17          x2 = radius*cos(angle2) # 角度2对应的x坐标
```

```
18            y2 = radius*sin(angle2) # 角度2对应的y坐标
19            line(x1,y1,x2,y2) # 画正多边形的一条边
```

ex_7_2.pyde

```
1    def setup():
2        size(800, 800) # 设定画布大小
3        background(255)  # 纯白背景
4        fill(250) # 填充颜色灰白色
5        noStroke() # 先不画线条
6        circle(width/2, height/2,width) # 在绘制曲线区域先画一个底色圆
7
8    def draw():
9        translate(width/2, height/2) # 移动坐标系原点到画面中心
10       # 以下求出圆上两个采样点对应的随机角度值
11       angle1 = map(noise(10+frameCount*0.002),0,1,0,2*PI)
12       angle2 = angle1 + map(noise(frameCount*0.002),0,1,0.7*PI,1.3*PI)
13       r = map(sin(frameCount/200.0),-1,1,100,255) # 随机红色分量
14       g = map(sin(frameCount/300.0),-1,1,0,255)   # 随机绿色分量
15       b = map(sin(frameCount/400.0),-1,1,100,255) # 随机蓝色分量
16       stroke(r,g,b,25) # 设置线条颜色、透明度
17       radius = width/2 # 大圆的半径
18       x1 = radius * cos(angle1) # 角度1对应的x坐标
19       y1 = radius * sin(angle1) # 角度1对应的y坐标
20       x2 = radius * cos(angle2) # 角度2对应的x坐标
21       y2 = radius * sin(angle2) # 角度2对应的y坐标
22       line(x1,y1,x2,y2) # 大圆上两个采样点连一条直线
```

第 8 章

ex_8_1.pyde

```
1    xlist = [1, 2, 3, 4, 5]
2    for i in range(5):
3        print(xlist[i])
```

ex_8_2.pyde

```
1    xlist = []
2    for i in range(11):
3        xlist.append(2*i)
4    print(xlist)
```

ex_8_3.pyde

```
1    size(800, 600) # 设定画布大小
2    noStroke()  # 不绘制线条
3    background(0)  # 设置黑色背景
4    fill(255) # 设置填充色为白色
```

```
5    particles = [] # 粒子空列表
6
7    for i in range(500):  # 生成500个粒子
8        x = random(0,width) # 随机坐标
9        y = random(0,height)
10       particle = [x,y] # 这个粒子列表
11       particles.append(particle) # 添加到particles中
12
13   for particle in particles:  # 绘制所有粒子
14       circle(particle[0], particle[1], 10)
```

ex_8_4.pyde

```
1    def setup():
2        size(1280, 800) # 设定画布大小
3        stroke(255)  # 白色线条
4        strokeWeight(2) # 线条粗细
5
6    def draw():
7        background(0) # 黑色背景
8        step = 30 # 采样间隔
9        for x in range(step,width,step):
10           for y in range(step,height,step):
11               noiseValue = noise(0.001*x,10+0.001*y,frameCount*0.005)
12               angle = map(noiseValue,0,1,-2*PI,PI*2) # 随机方向
13               xEnd = x + 0.7*step*cos(angle) # 线段终点x坐标
14               yEnd = y + 0.7*step*sin(angle) # 线段终点y坐标
15               line(x,y,xEnd,yEnd) # 画一条这个对应角度的直线段
```

第 9 章

练习 9-1

```
5
3
12
4
0
```

ex_9_2.pyde

```
1    def printStars():
2        str = ""
3        for i in range(5):
4            str = str + "*"
5        print(str)
6
7    for k in range(3):
8        printStars()
```

ex_9_3.pyde

```
1   balls = [] # 存储所有圆的全局变量，初始为空列表
2
3   def setup():
4       size(800, 800) # 设定画布大小
5       noStroke()  # 不绘制线条
6
7   def draw():
8       background(30) # 黑灰色背景
9       for i in range(10):
10          addNewBall()  # 每帧添加新的圆
11      for ball in balls:  # 对所有圆遍历
12          fill(ball[3])  # 设置填充颜色
13          circle(ball[0], ball[1], 2*ball[2]) # 画一个圆
14
15  def addNewBall(): # 添加一个新的圆
16      x = random(0,width)  # 设置圆心x坐标
17      y = random(0,height) # 设置圆心y坐标
18      radius = random(10,100) # 随机半径
19      # 随机颜色
20      c = color(random(100,255),random(100,255),random(100,255))
21      newBall = [x,y,radius,c] # 当前圆列表
22
23      isIntersect = False # 是否balls中所有球都不和newBall相交
24      for ball in balls:  # 对所有圆遍历
25          dx = ball[0] - newBall[0] # 两个圆心x坐标差
26          dy = ball[1] - newBall[1] # 两个圆心y坐标差
27          distance = sqrt(dx*dx + dy*dy) # 两个圆心间的距离
28          if distance < ball[2]+newBall[2]: # 如果两个圆相交
29              isIntersect = True # 是相交
30              return  # 函数返回，不继续执行
31
32      if not isIntersect: # 如果新圆和balls中所有圆不相交
33          balls.append(newBall) # 把新圆添加到balls中
34
35  def keyPressed(): # 当按下任意键盘按键时
36      global balls # 全局变量
37      if len(balls)>0: # 如果balls列表不为空
38          balls = [] # 清空所有圆
```

第 10 章

ex_10_1.pyde（其他代码同 sketch_10_4_3.pyde）

```
39              # 生成柏林噪声
40              noiseValue = noise(x*0.005,yMin*0.02) + 0.03*noise(x*0.3,yMin*0.2)
```

ex_10_2.pyde

```
1    def printStars(num,ch):
2        for i in range(num):
3            str = ""
4            for j in range(i+1):
5              str = str + ch + " "
6            print(str)
7
8    printStars(8,"*")
```

ex_10_3.pyde

```
1    def setup():
2        size(800, 600) # 设定画面宽度、高度
3        colorMode(HSB, 360, 100, 100)  # 色相、饱和度、亮度 颜色模型
4
5    def draw():
6        cClouds = color(330, 25, 100)  # 云的颜色
7        cSky = color(220, 50, 50)      # 天空的颜色
8        cFurther = color(230, 25, 90)  # 远山的颜色
9        cCloser = color(210, 70, 10)   # 近山的颜色
10       background(cFurther) # 背景为远山的颜色
11       drawSky(cSky,cFurther) # 画出天空颜色渐变效果
12       drawClouds(cClouds) # 画出彩色云朵效果
13       drawMountains(cFurther,cCloser) # 画出山脉效果
14
15   def drawSky(colSky,colFurther): # 画出天空颜色渐变效果
16       for y in range(height/2): # 从顶部开始绘制画面上半部分
17           strokeWeight(1) # 线粗细为1
18           # 颜色插值，从天空颜色逐渐变成远山颜色
19           stroke(lerpColor(colSky,colFurther, float(y)/(height/2)))
20           line(0, y, width, y) # 横着的一条线
21
22   def drawClouds(colClouds): # 画出彩色云朵效果
23       noStroke() # 不绘制线条
24       for y in range(0,height/3,6): # 在上面三分之一部分
25           for x in range(0,width+1,5): # 横向遍历
26               noiseValue=noise(x*0.004,y*0.02,frameCount*0.01)#柏林噪声
27               ration = map(y, 0, height/3, 50, 0) # 越向下、云越透明
28               fill(colClouds, ration*noiseValue) # 设置透明度
29               circle(x, y, 20) # 画圆
30
31   def drawMountains(colFurther,colCloser): # 画出山脉效果
32       mountainLayer = 8 # 一共画8层山
33       for n in range(mountainLayer):
34           #  每一层山的y坐标的最小值
35           yMin = map(n,0,mountainLayer,height*0.2,height*0.8)
36           # 山的颜色由远向近渐变
37           fill(lerpColor(colFurther,colCloser, \
```

```
38                          float(n+1)/mountainLayer))
39          beginShape() # 开始画一些顶点组成的图形
40          vertex(0, height) # 第一个点在左下角
41          for x in range(0,width+1,10): # 从左到右遍历
42              # 生成柏林噪声
43              noiseValue = noise(x*0.005,yMin*0.02,frameCount*0.01)
44              # x横坐标对应的高度，越近的山，高度越向下
45              yMountain = map(noiseValue , 0, 1, yMin, yMin+height/3)
46              vertex(x, yMountain) # 添加这个点
47          vertex(width, height) # 最后一个点在右下角
48          endShape(CLOSE) # 结束画一些顶点组成的封闭图形
```

第 11 章

ex_11_1.pyde

```
1   h = 1.75 # 身高（米）
2   w = 68 # 体重（公斤）
3
4   bmi = w/(h*h)
5   if bmi < 18.5:
6       print(u"体重过轻")
7   elif bmi < 24:
8       print(u"体重正常")
9   elif bmi < 27:
10      print(u"过重")
11  elif bmi < 30:
12      print(u"轻度肥胖")
13  elif bmi < 35:
14      print(u"中度肥胖")
15  else:
16      print(u"重度肥胖")
```

ex_11_2.pyde（其他代码同sketch_11_3_1.pyde）

```
43      else:  #  画出最末端的树叶
44          noStroke() # 不绘制线条
45          fill(0,255,0) # 设定填充颜色 绿色
46          if childLength<=6: # 如果子枝干长度小于6
47              circle(x_end,y_end,4) # 圆的直径为4（再小就看不清了）
48          else: # 画一个圆，直径为枝干长度一半
49              circle(x_end,y_end,childLength/2)
```

ex_11_3.pyde（其他代码同sketch_11_4_2.pyde）

```
42          # 左右子枝干的旋转角度也有一定的随机性
43          leftChildAngle = angle + offsetAngle*random(0.5,1) \
44                  + map(noise(0.002*frameCount),0,1,-0.3,0.3)
45          rightChildAngle = angl - offsetAngle*random(0.5,1) \
```

```
46                          - map(noise(0.002*frameCount),0,1,-0.3,0.3)
```

第 12 章

ex_12_1.pyde（类的成员函数也可以输入参数，读者可以参看这个例子代码学习使用方法）

```
1     class Ball: # 圆球类
2         def __init__(self,x,y): # 构造函数
3             self.x = x # x坐标
4             self.y = y # y坐标
5             self.vx = 0 # x方向速度
6             self.vy = 0 # y方向速度
7             self.radius = random(5,20) # 随机半径
8             # 随机颜色
9             self.c=color(random(150,255),random(150,255),random(150,255))
10
11        def display(self): # 显示成员函数
12            fill(self.c,200) # 设置填充颜色
13            circle(self.x, self.y, 2*self.radius) # 画圆
14
15        def update(self): # 更新位置成员函数
16            self.x += self.vx  # 根据x方向速度，更新x坐标
17            self.y += self.vy  # 根据y方向速度，更新y坐标
18
19    balls = [] # 所有圆球对象列表
20
21    def setup():
22        size(800, 800) # 设定画布大小
23        noStroke() # 不绘制线条
24
25    def draw():
26        background(30) # 黑灰色背景
27        updateBallsVelocity() # 更新所有圆球的速度
28        for ball in balls: # 对所有小球遍历
29            ball.update() # 更新小球位置
30            ball.display() # 绘制圆球
31
32    def updateBallsVelocity(): # 更新所有圆球的速度
33        for i in range(len(balls)):
34            fx = 0 # 第i号圆球，x方向所受合力
35            fy = 0 # 第i号圆球，y方向所受合力
36            for j in range(len(balls)): # 对其他所有球遍历
37                if (i!=j):  # 对于不等于i的j
38                    dx = balls[j].x - balls[i].x # 两个小球x坐标差
39                    dy = balls[j].y - balls[i].y # 两个小球y坐标差
40                    distance = sqrt(dx*dx + dy*dy) # 两个小球间的距离
41                    if distance < 1: # 防止距离过小，有除0的风险
```

```
42                          distance = 1
43                      # j号球对i号球的作用力大小
44                      f_mag = (distance - 300) * balls[j].radius
45                      fx += f_mag*dx/distance # 求出x方向的受力，加到fx上
46                      fy += f_mag*dy/distance # 求出y方向的受力，加到fy上
47          ax = fx/balls[i].radius * 0.05 # 合力除以质量，计算加速度
48          ay = fy/balls[i].radius * 0.05
49          balls[i].vx = 0.99*balls[i].vx + 0.01*ax # 根据加速度更新速度
50          balls[i].vy = 0.99*balls[i].vy + 0.01*ay
51
52  def mousePressed(): # 鼠标按下时
53      ball = Ball(mouseX,mouseY)
54      balls.append(ball)  # 添加一个新的圆球
55
56  def mouseDragged():   # 鼠标拖拽
57      if frameCount % 5==0: # 防止添加过多圆球
58          ball = Ball(mouseX,mouseY)
59          balls.append(ball) # 添加一个新的圆球
60
61  def keyPressed(): # 当按下任意键盘按键时
62      global balls # 全局变量
63      if len(balls)>0: # 如果balls列表不为空
64          balls = [] # 清空所有圆球
```

第 13 章

ex_13_1.pyde（其他代码同 sketch_13_3_1.pyde）

```
9       xStep = int(map(mouseX,0,width,2,20)) # x方向采样间隔
10      yStep = int(map(mouseY,0,height,2,20)) # y方向采样间隔
```

ex_13_2.pyde

```
1   s = 0
2   for i in range(1,51):
3       s = s+i*i
4   print(s)
5
6   i = 1
7   s = 0
8   while i<=50:
9       s = s+i*i
10      i = i+1
11  print(s)
```

ex_13_3.pyde

```
1   def setup():
2       global img,goldenRatioAngle # 全局变量
3       goldenRatioAngle = ((sqrt(5)-1)/2)*360 # 黄金分割比乘以360度
4       size(500, 500) # 画面大小
5       img = loadImage("image2.jpg") # 导入图片文件
6
7   def draw():
8       background(255)  # 白色背景
9       center_x = width/2 # 画面中心
10      center_y = height/2
11      id = 0 # 叶序采样点的序号
12      radius = 1 # 初始半径（采样点到画面中心的距离）
13      radiusStep = map(mouseX,0,height,5,1) # 半径增加的步长
14      maxDiameter = map(mouseY,0,width,1,6) # 画圆的最大直径
15
16      noStroke() # 不绘制线条
17      while radius<=width/2: # 当半径小于画面宽度一半时
18          degree = id*goldenRatioAngle # 当前采样点和中心连线的角度
19          angle = radians(degree%360) # 转换为弧度
20          radius = sqrt(id) * radiusStep  # 采样点到中心的距离，逐渐增加
21          x = center_x + radius*cos(angle) # 求出当前采样点的坐标
22          y = center_y + radius*sin(angle)
23          c = img.get(int(x), int(y))  # 当前采样像素的颜色
24          fill(c) # 设置为填充颜色
25          bright = brightness(c) # 当前像素的亮度值
26          diameter = map(bright,0,255,maxDiameter,1) # 越亮直径越小
27          circle(x,y,diameter) # 画一个小圆
28          id += 1 # 采样点序号加1
29
30      stroke(255) # 线条为白色
31      strokeWeight(3) # 设置线宽为3
32      noFill() # 不填充
33      circle(center_x,center_y,width+1)#绘制大圆，让采样点最外围边缘光滑
```

第 14 章

ex_14_1.pyde（其他代码同sketch_14_4_1.pyde）

```
1   def setup():
2       global img,string # 全局变量
3       img = loadImage("image2.jpg") # 导入图片文件
4       size(1000, 1000) # 画面长度和宽度是图片的2倍
5       myFont=createFont("simsun.ttc",13) # 导入宋体，设置字体大小
6       textFont(myFont) # 设置文字字体
7       textAlign(CENTER) # 文字居中对齐
8       string = u"Python创意编程真有趣 " # 要显示的字符串
```

```
9
10  def draw():
11      scale(2) # 放大2倍显示
```

ex_14_2.pyde（其他代码同ex_14_1.pyde）

```
8       string = "" # 要显示的字符串，初始为空白字符串
9       lines = loadStrings(u"观书有感.txt") # 读取文本文件中的各行数据
10      for line in lines: # 对所有行遍历
11          string = string + line # 把文件中各行字符串添加到string中
```

第 15 章

ex_15_1.pyde

```
1   add_library("minim") # 导入minim库
2   minim = Minim(this) # 创建minim对象
3
4   def setup():
5       global player # 全局变量
6       size(1024, 400) # 画面大小
7       colorMode(HSB,360,100,100) # 设置HSB颜色模型
8       player = minim.loadFile("music1.mp3") # 读取音乐文件
9       player.loop() # 音乐循环播放
10
11  def draw():
12      background(0) # 黑色背景
13      stroke(random(100,255),random(100,255),random(100,255))# 随机颜色
14      musicSize = player.left.size() # 左声道音频长度
15      for i in range(0,musicSize,4): # 对所有音频信号遍历
16          # 把音频信号序号i映射为x坐标
17          x = map(i,0,musicSize-1,0,width)
18          loudness = player.left.get(i) # 当前音频信号的响度
19          # 把响度映射为y坐标
20          y = map(loudness,-1,1,0,height)
21          h = map(loudness,-1,1,0,360) # 色调随响度变化
22          stroke(h,100,100) # 设置画线颜色
23          line(x,height/2,x,y) # 绘制连线
```

第 16 章

ex_16_1.pyde（其他代码同sketch_16_1_1.pyde）

```
26  def setup():
27      global backgroundImage,balls # 全局变量
28      size(640, 480) # 设定画布大小
29      backgroundImage = loadImage("background.png") # 导入背景图片
30      imageMode(CENTER) # 图像居中对齐
31      frameRate(30)  # 设定帧率为30
32      balls = [] # 开始小球列表为空
33
34  def draw():
35      global balls  # 全局变量
36      image(backgroundImage,width/2,height/2) # 绘制背景图片
37
38      for ball in balls:  # 对所有小球遍历
39          ball.update() # 更新小球速度、坐标
40          ball.display() # 小球显示
41
42      if frameCount%60 == 1:  # 每隔60帧新增加一个小球
43          ball = Ball()   # 生成一个小球
44          balls.append(ball) # 添加到列表中
```

练习 16-2

```
0
2
4
6
```

ex_16_3.pyde（其他代码同sketch_16_4_2.pyde）

```
12  def draw():
13      if video.available():  # 如果摄像头可用
14          background(255) # 白色背景
15          xStep = int(map(mouseX,0,width,2,20))  # x方向采样间隔
16          yStep = int(map(mouseY,0,height,2,20)) # y方向采样间隔
17          video.read() # 读取一帧数据
18          video.loadPixels() # 获得一帧图像的像素
19          loadPixels() # 下面可以通过pixels[]来直接访问对应的像素
20          for y in range(0,height,yStep): # 对原始图像像素采样
21              for x in range(0,width,xStep):
22                  pixelsID = y*width+x  # 在对应像素列表中的序号
23                  c = video.pixels[pixelsID]  # 获得对应像素的颜色
24                  fill(c)  # 设置填充颜色
25                  rect(x, y, xStep,yStep) # 画一个方块
```

附录 B 语法知识索引

按照一般Python教材中的讲解顺序，列出相应语法知识在书中出现的对应章节，便于读者查找：

一、Python 与 Processing 介绍

1. Python简介（1.1）
2. Processing下载与安装（1.2）

二、基本数据类型、运算与相关基础知识

1. 变量的定义与使用（2.4）
2. 数字与相关运算
   1）赋值（2.4）
   2）加减乘除（2.2、2.4）

3）小数除法、整数除法（3.2）

4）取余（3.2）

5）复合运算符（9.1）

3. 常用计算函数

1）abs（15.2）

2）sqrt（5.3）

3）sin、cos（6.3、7.1）

4）dist（12.4）

5）map（2.7）

6）radians（4.2）

4. 字符串

1）字符串的定义（4.4）

2）字符串的拼接（9.5）

3）字符串元素访问（14.2）

5. 数据类型转换（5.5）

6. 输出函数print（2.2、4.4、6.7）

7. 随机函数（7.2、7.3、7.4、8.5、10.5、11.4）

8. 代码缩进与分行写法（2.6、7.4）

9. 注释（2.8）

三、复杂数据类型

1. 列表的定义与使用（8.3）

2. 列表元素的添加、插入与删除（8.3、8.4）

3. len函数（8.3）

四、比较运算符、布尔类型、条件语句

1. 比较运算符（4.4）

2. 非、与、或运算符（4.5）

3. 布尔类型（4.5）

4. if语句（4.4）

5. else、elif语句（11.1）

五、循环

1. for循环（3.4）
2. range函数（3.4）
3. while循环（13.5）
4. break、continue（16.2）
5. 循环的嵌套（6.5）

六、函数

1. 无参数的函数（9.5）
2. 有参数的函数（10.6）
3. return（5.1）
4. 全局变量（4.3）
5. 递归（11.1、11.2）

七、面向对象编程

1. 类和对象的定义（12.1）
2. 成员变量（12.1）
3. 成员函数、构造函数（12.2）

八、Processing 相关功能

1. 程序基本框架（2.6）
2. 基本元素绘制
   1）点（12.1）
   2）线（5.2）
   3）圆、椭圆（2.1、13.4）
   4）圆弧（4.2）
   5）矩形（6.1、13.3）
   6）曲线（7.5）
3. 颜色与绘制样式
   1）亮度的表示（2.5）
   2）颜色的表示（7.7、8.6、10.1）
   3）颜色插值（10.2）
   4）背景（2.5、7.7）